人类活动
对环境演化的影响研究
与生态文明实践

杨骏 著

Research on the Impact of
Human Activities on the Environmental Evolution and
the Practice of Ecological Civilization

中国财经出版传媒集团
经济科学出版社
Economic Science Press

图书在版编目（CIP）数据

人类活动对环境演化的影响研究与生态文明实践 /
杨骏著. —北京：经济科学出版社，2022.10
ISBN 978 - 7 - 5218 - 4163 - 3

Ⅰ.①人… Ⅱ.①杨… Ⅲ.①人类活动影响 - 环境
演化 - 研究 Ⅳ.①P461②P53

中国版本图书馆 CIP 数据核字（2022）第 198346 号

责任编辑：杨　洋　杨金月
责任校对：徐　昕
责任印制：范　艳

人类活动对环境演化的影响研究与生态文明实践
杨　骏　著
经济科学出版社出版、发行　新华书店经销
社址：北京市海淀区阜成路甲 28 号　邮编：100142
总编部电话：010 - 88191217　发行部电话：010 - 88191522
网址：www. esp. com. cn
电子邮箱：esp@ esp. com. cn
天猫网店：经济科学出版社旗舰店
网址：http：//jjkxcbs. tmall. com
北京季蜂印刷有限公司印装
710 × 1000　16 开　13.5 印张　150000 字
2022 年 10 月第 1 版　2022 年 10 月第 1 次印刷
ISBN 978 - 7 - 5218 - 4163 - 3　定价：50.00 元
（图书出现印装问题，本社负责调换。电话：010 - 88191510）
（版权所有　侵权必究　打击盗版　举报热线：010 - 88191661
QQ：2242791300　营销中心电话：010 - 88191537
电子邮箱：dbts@ esp. com. cn）

前　言

在地球演化的历史中，第四纪虽然短暂，但与人类文明进步息息相关。人类在这一时期得到快速进化，成为地球上迄今为止最为高等和智慧的动物。与此同时，地质环境也受到了极为深刻的影响。时至今日，人与环境的关系发展到了十分紧张的境地。20世纪最伟大的发现莫过于对环境危机的发现，这是人类几千年文明史的根本性转折。在付出沉重的环境代价后，人类开始重新审视"人与自然关系"这一古老命题，进而提出了人与自然和谐共生的生态文明建设理论。基于这一时代背景，本书以"人类活动对地质环境的影响"为研究切入点，将当前的环境危机作为历史的、动态的、发生的、发展的过程进行全面考察，深刻分析环境危机出现的主客观原因与矛盾运动的历史规律，以期现代人能够反思自身、尊重生命，通过走生态文明建设之路实现人类社会的可持续发展。

本书全面贯彻历史唯物史观和唯物辩证法的基本原则，始终把现实社会的环境问题作为科学研究的出发点和落脚点，对其进行历史性解读和发展性分析。为将这一研究过程科学准确地体现出来，笔者以马克思的发生学思想作为本书研究的方法论主线，同时贯穿文献分析法、人类学研究法、比较分析法等。通过综合研究形成三部分主要内容：（1）从人类改造客观世界的实践出发，按照人类文明发展与地质环境间的作用划分出二者关系演化的阶段性起点和终点，并分析每一阶段的环境问题表征及内在原因。（2）揭示人类对环境主观认知的发生、发展的阶段性变化规律，从生态伦理的哲学高度认识人类道德进化与环境问题的本质联系。（1）和（2）分别从客观、主观两个方面历史地阐释当前环境问题发生的矛盾规律与生态文明时代到来的必然。（3）将理论转化为实践，必须找寻到一条新的生态文明建设之路，从认识论、方法论和技术手段三个方面去探寻人类可持续发展的现代化模式。书中将旅游业视为生态文明的有效实践路径，通过案例分析，首先探讨了民族地区旅游开发与生态文明建设的关系及意义。其次从乡村全面振兴战略的角度出发，研究乡村旅游在推动生态文明建设中体现的更高层次的时代价值。

本书的研究思想体现在以下三个方面：（1）只有历史地、辩证地认识人类活动与环境问题，才能更好地理解当下生态文明建设的时代意义。（2）只有从道德的高度理解人与环境的本质关系，才能由衷地尊重生命，与自然和谐共生。（3）只有将生态道德融入生态实践，生态文明的理论价值才能转化为现实作用。旅游业是生态文明建设在当下的有效实践，是人类可持续发展的必然路径之一。

CONTENTS 目 录 ▶▶

第一章

绪 论

第一节

问题的提出

环境与人类的生存繁衍、文明进步息息相关。我们现在说的环境问题实际上是人类社会的历史活动与地质环境的相互作用在当前人类文明进程中的综合表现。人类通过有目的地生产，有意识地利用并改变着自己生存的环境条件，对地质环境的干预和改造力度经历了从无到有、从小到大、从简单到复杂的过程。在此过程中不仅改变了原有的地质环境，而且创造了新的社会文化环境。地质环境的内涵也随之扩大为自然环境、"人化"自然与社会环境。然而人类与环境的关系发展到今天已经到了十分紧张的境地。尤其在 20 世纪后半叶，人类连续遭受世界性的环境事件，导致了有关"增长的极限""濒临失衡的地球"等盛世危言（牛文元，2012）。以全球气候变暖为例，自 1956 年，基贝特·普拉斯提出了大气变化的二氧化碳原理，发展至今，多数学者认为大气中的二氧化碳（CO_2）、甲烷（CH_4）、一氧化二氮（N_2O）、臭氧（O_3）和人工合成氯氟碳化物（CFCS）等都能抑制地表散热，促使大气升温，其中尤以 CO_2 的影响最大（曹伯勋，1989）。预计到 21 世纪中叶，全球平均气温将上升 2 ~ 4.5℃。全球增温会对农业、林业、交通、能源、人口分布等产生严重影响。然而事实上，原本占地球表面 2/3 的海洋可以消耗约一半大气中新增的 CO_2，但是由于人类大规模砍伐森林，特别是热带雨林的快速消失，极大削弱了自然界的自净能力。1992 年 6 月 3 日至 14 日，联合国环境与发展大会（UNCED）在巴西里约热内卢召开，全球共有 183 个国家（地区）、100 多位政府首脑、1400 个非政府组织出席了这次大会，大会通过了《里约环境与发展宣言》和《21 世纪议程》两个重要文件，第一次将可持续发展由理论和概念推向行动（赵杰，2014）。1992 年 11 月 18 日，全球 1571 名科学家（其中 99 人为诺贝尔奖获得者）再次联名起草了一份文件——《世界科学家对人类的警告》，开篇就说"人类和自然正走上一条相互抵触的道路"。并指出当前全球环境问题主要表现为大气污染、水体污染、化学公害、温室效应、臭氧层破坏、酸雨、水土流失、土地沙漠化、热带雨林减少、物种灭绝、水资源匮乏、能源危机、工业废弃物猛增、固体危险废弃物越境转移、核威胁、食品安全、人口爆炸、南北分化、贫富差距。这些问题可以归纳为三大类型：资源短缺、环境污染、生态系统失衡。20 世纪最伟大的发现莫过于对环境危机（environmental crisis）的发现，这是人类几千年文明史的根本性转折，从畏惧自然到征服自然，人类在付出沉重代价后才慢慢认清自己应该与所依赖的环境和谐相处，由此提出了可持续发展理论。

西方发达国家历经两个多世纪的工业革命和社会发展，以掠夺殖民地生态资源为代价实现了农业文明向工业文明的过渡。中国要在 60 年的时间里达到中等发达国家的水平，既没有全球广阔的殖民地资源，也没有 200 多年的历史跨度。工业化早期国家的环境污染和殖民地国家的生态破坏代价更是我们难以承受的。然而我们也必须面对长期以来粗放的发展模式给我国生态环境带来的巨大压力，其降低了人们的生活质量，损害了群众的身心健康，由此引发的群体性事件也频繁出现。仅以雾霾为例，其背后反映的是群众对干净的水、清新的空气、安全的食品、舒适的环境的需求日益提升。人们过去盼温饱，现在盼环保；过去求生存，现在求生态。环境质量在人们生活幸福指数中的地位不断提升，环境问题已然成为重要的民生问题。2012 年，党的十八大对推进中国特色社会主义事业做出了"五位一体"的总体布局，其中生态建设思想贯穿始终。这是国家首次从战略高度表明坚持走生态文明发展之路的决心。2013 年，习近平在致"生态文明贵阳国际论坛年会"的贺信中提出"中国将按照尊重自然、顺应自然、保护自然的理念，贯彻节约资源和保护环境的基本国策，更加自觉地推动绿色发展、循环发展、低碳发展，把生态文明建设融入经济建设、政治建设、文化建设、社会建设各方面和全过程，形成节约资源、保护环境的空间格局、产业结构、生产方式、生活方式，为子孙后代留下天蓝、地绿、水清的生产生活环境①"。因此，我们必须找寻一条新的生态文明建设之路，从认识论、方法论和技术手段三个方面去探寻实现环境与人类和谐共生的中国特色现代化模式，将生态文明贯彻到我们每个人的每项具体工作和日常生活中。

笔者在多年的学习、实践与生活经历中逐渐发现，很多科学问题的解决路径最终都指向了资源、环境与人类可持续发展这一时代焦

---

① 习近平致生态文明贵阳国际论坛 2013 年年会的贺信 [EB/OL]. 中国共产党新闻网，2013 – 07 – 21.

点上，从而引发了对当前环境问题的关注以及人类未来发展走向的深度思考——人类和自然之间究竟能否维系一种永续发展的关系。2017 年，党的十九大报告指出，未来中国具有发展前景的两个产业：一是健康产业，二是旅游业。基于环境问题已成为全球性问题，以及笔者自身研究的关注点和前期工作中取得的部分成果，本书选题方向锁定在"人类活动对环境的影响"，将环境危机作为动态地、历史地发生、发展过程进行全面考察，深刻分析环境问题出现的主客观原因与矛盾运动规律，以期现代人能够反思自身、尊重生命、关爱环境，走一条可持续发展的生态文明建设之路。

第二节

研究内容与价值

第四纪①相对地球历史虽然短暂，但它对现代地质环境及人类生存环境的形成和影响极为深刻。人类活动的范围主要集中在地质环境空间内，其特点直接影响和制约人类生产与生活。合理利用这些地质空间、与环境和谐共生是确保人类生存发展的必要条件。然而，再也没有哪个地质时期的环境系统能受到如此深刻的影响，在物质与能量的转换过程中，人类始终是积极的、主要的参与者。这些作用既可以使环境变得有利于人类，也可以使环境变得更加恶化。从历史发展看，人类文明进步的改造能力越强，对环境起到的正面或负面影响越大。人类活动对地质环境的影响强度究竟有多大，从地质学家对人类改造环境的能力认定就能看出。传统地质学将地球演变的动力作

————————

① 第四纪指距今 2.60Ma 以来的地球历史时期。

用划分为内动力地质作用和外动力地质作用，这些都属于自然动力作用。如今人类力量已经被视为改变环境系统的主要外动力地质作用，甚至在速度、规模和影响程度上超过了自然动力地质作用。在第二届国际地质学会上，一些地质学家建议把第四纪称为灵生纪或人类世，以强调人类对地质环境改造的巨大作用，同时承认人类活动已经成为重要的地质营力。2001 年由国际科联理事会（ICSU）发起的全球环境变化（GEC）的 4 大研究计划（国际地圈生物圈计划、世界气候研究计划、全球环境变化的国际人文因素计划、生物多样性计划），联合成立了"地球系统科学联盟"（ESSP），并在阿姆斯特丹宣言中确定下来，重点解决与人类社会发展直接相关的四个根本性问题：碳能、食物、水和健康，凸显了人类社会与全球环境系统变化的密切联系。2006 年，ICSU 在生物多样性研究计划的基础上新近增设了生态系统变化与社会的计划（PECS），突出了研究生态系统的重要性。为此，越来越多的来自各领域的专家学者开始关注人类活动与环境演化关系问题，也使这一研究方向越发具有跨学科性和国际合作性。笔者通过大量阅读与研究方向相关的国内外文献著作，对目前已有相关成果进行了仔细梳理并归类，进一步明确了本书研究的内容特色与价值所在，本书的研究思路框架如图 1.1 所示。

一、主要研究内容

（一）人类活动与当前环境关系问题

本书系统归纳了当前世界面临的主要环境问题，并根据人类活动对其的影响程度分为三种类型：一是人类活动引发的原生环境问题；二是主要由人类活动诱发的次生环境问题；三是由人类社会经济活动

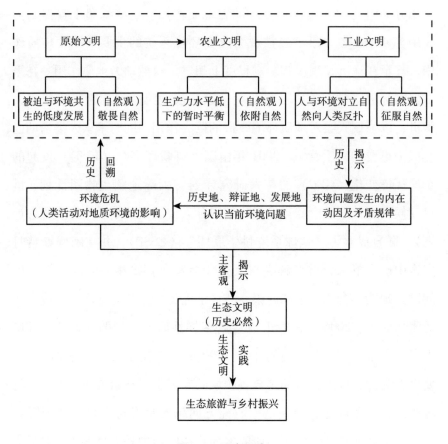

图 1.1　研究思路

引发的典型社会环境问题。其中，很多环境问题是人类目前技术水平无法避免或完全恢复的，最终影响的还是人类自身的可持续发展。

（二）发生学方法解释人类活动与环境问题关系的历史演变及内在规律

采用马克思的历史发生学方法按照人类文明发展的进程划分出人类活动与地质环境二者关系演化的阶段性起点和终点，找出每一阶段中二者关系发生的本质的、必然的因素，人与环境的关系特征，以及相应的人类对自然的认知观念。并从主客观两个方面分析环境问题发生的本质原因，揭示生态文明时代到来的历史必然性。

（三）生态文明建设的实践——旅游与乡村振兴

旅游已成为现代化场域中最大规模的人类活动。由于投入少、产出大、拉动就业与经济增长的效果显著，故早期人们将其视为"无烟产业""朝阳产业"。但是随着旅游活动的蓬勃发展，社会矛盾与自然环境问题日渐凸显，人们才发现旅游虽然被视为人类可持续发展的有效实践途径，但绝不是万能解药。要想真正实现旅游对生态环境的积极作用，还需要在资源利用、开发方式、参与形式、道德教育等诸多方面深入研究。本书仅将研究视角放在生态旅游，特别是民族村寨旅游和乡村旅游上。尝试多角度深入研究二者的不同实现形式，随着旅游业的纵深发展唤起当代人的生态伦理道德，实现人与人、人与社会、人与环境和谐共生的美好画卷。

二、研究价值体现

第一，客观认识环境问题与人类活动的关系。我们今天所说的环境危机实际上是人类在漫长的历史活动中与地质环境相互作用演化而形成的，是人类文明发展的历史长河中必然的、阶段性的表现，背后是一个发生、发展、演化的动态过程，有着内在无法调和的矛盾规律，但是人类的文明进步必须肯定。

第二，从人类活动（实践）与道德（观念）发生的关系解释生态文明时代到来的主观必然性。人类从崇拜自然到征服自然再到人与自然和谐相处，这是人类对自身实践与环境关系的不断认识、调适、修正的结果。也是人类自我实现和自我成就的过程。这一过程中的内在动力就是对生命实现的渴望，追求生命的圆满，进而推动人类不竭的道德实践——生态文明建设。

第三，在人与自然的关系上凸显人的主体地位。发挥人的主观能动性，既要主动承担破坏自然、违背自然规律带来的负面影响，又要合理利用、保护、开发自然，与环境达成新的和解，最终是为了人类更加美好的未来。

第二章

发生学研究方法解释

第一节
发生学起源与皮亚杰的发生学思想

发生学既是认识论也是方法论，现已成为多学科嫁接的工作用语和逻辑方法。发生学始于 17 世纪的胚胎学，其代表人物哈维将"发生"界定为生物的发生、发育和发展。作为一个概念，发生学最早应用于自然科学特别是生物学领域，用来探讨地球历史发展过程中生物种系的发生、发展以及演化规律等一系列问题（郝玉明，2016）。19 世纪 80 年代，随着两部著作——《人类的由来》《古代社会》的出版引发了人们运用观察和实证的方法探寻人类起源与发展的历史进程问题，使发生学方法开始由自然科学领域向社会科学领域渗透。20 世纪 70 年代，瑞士心理学家、哲学家让·皮亚杰通过对儿童心理发展阶段的研究，进一步结合其他学科与认识论有关的研究思想提出了一种基于发生学视角的认识论理论并出版了《发生认识论原理》，标志着发生学研究方法的成熟（皮亚杰，1988、1997）。发生学研究法出现的目的在于建立一种发生的或发展的结构主义认识论，并试图将其作为考察和研究人类早期社会意识产生与演变的一种方法。该方法认为，知识不管多么高深、复杂，其认识都可以追溯到人类的童年。认识是一种功能性结构，这种结构是由人自身建构的，不是客体的简单复写，也不是主体天赋的。皮亚杰的发生认识论思想集中在四个主要概念和四个影响因素上（见表2.1），根本特点是结构主义与建构主义的紧密结合。他不仅试图证明，在某一个发展阶段，大量不同的行为会共同反映同一结构的存在，而且力图证明从一个阶段到另一个阶段的结构是如何变化发展的（张乃和，2007；陈恒，2017）。这说明皮亚杰的目的在于建立一种发展的或发生的结构主义认识论，且试图将这种认识过程推广到整个人类社会的认知过程，包括道德认知。自然科学发生学研究归功于达尔文的生物进化论，人文社会科学发生学研究归功于皮亚杰的发生认识论（汪晓云，2005）。随着辩证唯物主义认识论的融入，最终奠定了具有普遍意义的、科学的马克思主义发生学方法，而最初的标志可以追溯到1867年《资本论》的诞生。《资本论》创造性地使发生学方法"辩证法"化，阐述了关于"历史发生学""系统发生学""现象发生学""认识发生学"的客观逻辑和主观逻辑的统一，缔造了自然科学基础上真正意义的社会科学的发生学（见表2.1）。

表2.1　　　　　　　　　皮亚杰发生学主要概念思想

| 四个概念 | 图式 | 动作或心理运算概括形成的抽象结构。本质上是一种动作结构而非知识或经验结构。在人的一生中图式是由少到多，由简单到复杂不断发展的 |
| | 同化 | 主体将新的刺激纳入已有的动作图式或认知结构中，用已有的图式去理解它。同化不会产生新的动作结构，不会使图式有质的变化，只会使图式在数量上有所扩展 |

续表

四个概念	顺应	当人们不能用已有的图式去同化外部刺激时，只能改变已有的图式来适应新的刺激。顺应使图式在数量上增加并有质的变化，进而产生新的图式
	适应	皮亚杰将生物体物质层次上的适应功能延伸至心理、行为层面，认为心理功能就是对外界的适应，人类的智慧本质就是适应。适应就是主客体之间的相互作用，其功能表现在同化和顺应两方面。通过同化和顺应，人类的活动图式和认知结构不断丰富
四个影响因素	成熟	生理的成熟，主要是神经系统的成熟。皮亚杰认为，儿童的智慧起源于动作，而某些动作模式的出现有赖于相应的神经系统和身体结构的成熟。生理的成熟是心理发展的必要条件
	经验	包括物理经验和数理逻辑经验。（1）物理经验指个体作用于物体时抽象出来的物体特性，如大小、形状、重量等。物理经验的特点在于它源于物体自身，是物体固有的。（2）数理逻辑经验指个体作用于物体从而理解动作之间的协调结果。物理经验源于物体本身，数理逻辑经验是从主体自己施加于客体之上的动作中抽象出来的，不存在于客体本身
	社会	特别指社会生活、文化教育、语言等。皮亚杰认为，社会环境因素是影响儿童心理发展的必要条件。儿童所处的社会环境较好，那么儿童从较低级的发展阶段向高级阶段发展的速度加快，反之儿童向高级阶段发展的过渡时间就会延长
	平衡	真正对认知发展起决定作用的是"平衡"，平衡的实质是主体有意识地自我调节。对平衡的理解最重要的是将它作为动态过程。认识的发生、发展并不是在经历同化到冲突再到顺应的序列中形成的，而是在同化与顺应的相互作用的动态过程中形成的。他特别强调平衡的作用，认为不但人的认识，就连人的道德情感都是在主客体相互作用的过程中由主体通过自我调节与外部环境不断调适的过程中建构而成的。所谓建构就是儿童自己必须一再形成其智力的那些根本概念和逻辑思维形式。他强调儿童创造观念，而不是发现观念

资料来源：［瑞士］皮亚杰. 结构主义［M］. 倪连生，王琳，译. 北京：商务印书馆，1981：99.

第二节
马克思主义发生学特征

马克思主义的发生学全面贯彻唯物史观和唯物辩证法的基本原

则，本质上是对现实问题的历史性理解和说明的方法。从现实的人及其社会实践出发，把现实社会生活理解为能动的历史过程，是在肯定的理解中包含着否定的理解。如果要给发生学一个具体的概念性表述的话，本书则基于马克思主义的发生学思想：发生学是反映和揭示自然界、人类社会、人类思维的起源、发展、演化的历史阶段和表现形态，内在关系和客观规律的认识论与方法论，是把研究对象作为动态的历史发展过程进行全面考察，重点把握事物发展过程中历史的、必然的联系，建构合理的历史解释模型并科学预见事物未来的发展走向（汪晓云，2005）。由此可见，马克思主义的发生学方法始终把现实世界作为科学研究的出发点和归宿，最终目的是为了现实世界的人及人类社会的可持续发展（见表2.2）。

表2.2 马克思主义发生学的特征

马克思主义发生学	特征
能动的反映论	反映的原则是马克思主义发生学的理论基石。人所特有的反映不是以单个人消极直观外部客体的形式进行的，而是在复杂的社会关系中和能动的实践活动基础上实现的。反映过程与物质和观念的创造过程密切相关。马克思主义的发生认识论以能动的社会实践活动的历史发展为基础，科学揭示了作为社会的人所特有的反映形式
实践的观点	马克思把科学的实践观引入认识论，对认识论的研究进行了根本改造，认为人的社会生活在本质上是实践的。马克思指出"思想、观念、意识的产生最初直接与人们的物质活动，物质交往，现实生活语言交织在一起"。认识不是由脱离人的某种纯粹的自我意识或无人身的理性来实现的。认识的主体是人，是在具体历史的社会关系中进行生活实践的人；是利用社会、历史形成的认识活动的各种手段和各种思想资料的人。只有通过社会实践，人才能形成和发展自身作为主体的本质力量，从而确定主体地位。实践在改造客观世界的过程中不断推动人们主观世界的改造，锻炼和提高主体认识能力。只有把观念的认知应用于指导改造世界的实践中，才能转化为物质的东西。只有坚持实践，才能对认识的发生、发展、目的、作用以及认识的真理性标准作出科学解释

续表

马克思主义发生学	特征
辩证的观点	既表现为唯物主义和辩证法的统一，又表现为辩证唯物主义和历史唯物主义的统一。表现在认识发展的社会历史过程的形态中。在具体历史条件下，社会实践的性质和发展水平决定相应时代的认识结构和水平。在整个社会历史发展过程中，实践不断向前发展，人们对客观现实的认识也不断向前发展

资料来源：郝玉明. 发生学方法与道德起源问题研究 [J]. 理论月刊, 2016 (11)：43 –48.

第三节

发生学对道德发生研究的方法论意义

首先，道德的发生学研究将道德视为系统性的结构构成。道德作为人类特有的精神现象，其产生、形成与发展都是在与经济、政治、文化等因素紧密结合的系统内进行的，与其他事物相互联系、彼此制约。同时道德又是一个自组织的秩序系统，自发地进行着由无序到有序、由简单到复杂的自组织过程。道德的产生过程是人类通过与外在环境的联系和作用而实现的自我发展。发生学的研究方法就是以系统论的观点探究道德的起源问题并在系统中关注主客体间的互动关系。

其次，道德的发生学研究关注道德观念、结构的生成机制。道德结构的产生是人类活动的过程也是结果，其本身有着变化和发展的内在机制。皮亚杰在划分儿童认知发展阶段的基础上提出了图式、同化、顺应、平衡这个尽可能连贯的人类道德认知模型。这个模型就是皮亚杰所指的道德知识产生的内在机制，它不仅是一个阶段到另一个阶段的承继，更是人类活动的社会性、历史性的展现（皮亚杰，1981）。所以道德的起源不是一时一刻的事件，而是通过内在机制作用表现出来的具有继承性和变革性的过程。

最后，道德的发生学研究采取逻辑推理的论证方法。将道德作为观念性存在是发生学研究的立足点。道德观念的发生机制极为复杂，不能仅用语言描述，还需要用发生学的方法加以叙事，目的在于揭示其发生和形成的前提与综合生成机制。所以对道德观念的起源与演变的发生学研究是对人类道德认识由客观到主观、由事实认知到价值推理的合乎思维规律的探讨。

第三章

地质环境是人类文明活动的空间场域

环境、自然界与地质环境的含义辨析

环境是一个极为广泛的概念，常用来作为研究的客体，其类型由主体决定。也就是说，环境总是相对于某个中心事物或研究主体而言，与某一中心事物有关的周围事物就是该中心事物的环境。环境与中心事物既相互呼应又相互制约，既相互依存又相互转化。人类生存环境通常就是围绕人类社会空间，直接或间接影响人类生产、生活和发展的各种自然因素、社会因素及其能量的总和。其中，自然因素包括空气、水、野生动植物、土地、岩石、太阳辐射等；社会因素包括人们生活的社会经济制度与上层建筑的环境条件，是人类在物质资料生产过程中结合生成的生产关系总和（刘培桐等，1995；陈余道，

2011）。在讲地质环境之前，本书有必要对自然界的含义做简单解释，以区分三个概念的研究范围，从而清楚地理解地质环境是如何影响人类活动的。自然界是指不依赖意识而独立存在的客观实在，小至粒子，大至宇宙。广义的自然界指整个世界，既包括自然科学所研究的无机界和有机界，也包括社会科学研究的人类社会。狭义的自然界仅指自然科学研究的无机界和有机界，不包括人类社会。如前所述，环境是相对于某个中心事物或研究主体而言，因此研究需要具体化。本书研究的环境对象具体指与人类社会经济活动最密切的地质环境。有关地质环境的概念目前普遍认同的是我国地质学家张宗佑先生于20世纪90年代初提出的，即地质环境是指与大气圈、生物圈、水圈相互作用最直接，与人类社会经济活动关系最密切的部分岩石圈（周钰婷，2018）。其上限是岩石圈的表层，其中所有的环境因子（包括岩石、土壤、水体、有机成分、气体、微生物及动力作用等）都积极地与大气、水圈、生物圈相互作用。其下限位置取决于人类科技发展水平及进入岩石圈内部的工业活动影响深度。比如，20世纪80年代，苏联在位于俄罗斯的科拉半岛采用最新钻探技术，打成了一口以探索地球深部信息为目标的超深钻井，其深度为12262米，是目前地球上最深的一口井①。

自第四纪人类出现在地球上，人类的生存繁衍、社会发展所依托的环境系统本质上属于地质环境系统。这一系统是与人类关系最为密切的环境组成部分，空间范围相对具体，与人类活动相互作用的关系巨大。如历史上城市的兴衰与地质环境的关系就极为密切，有因地质环境恶化而衰亡的城市——新疆库车女儿国；有因发现丰富的地质资源而诞生的现代化豪华旅游城市——迪拜。在现代社会中，人类

① 曹伯勋. 地貌学与第四纪地质［M］. 武汉：中国地质大学出版社，1994.

大型工程建设项目也会对地质环境造成深刻扰动。此外，从地质学界对人类改造环境的能力认定上，同样能看出人类社会经济活动对地质环境产生的巨大影响。传统地质学将地球演变的动力作用划分为内动力地质作用和外动力地质作用，都属于自然动力作用。而人类力量已被视为改变环境系统的主要外动力地质作用，甚至在速度、规模和影响程度上超过了自然动力地质作用。人类对地质环境的干预和改造程度经历了从无到有、从小到大、从简单到复杂，地质环境的内涵也随之扩大为自然环境、"人化"自然与社会环境（刘复刚，2004）。我们现在说的环境问题，实际上是人类社会历史活动与地质环境系统的相互作用在当前人类文明进程中的综合表现。因此，如果不加特别说明，本书所说的环境就指代地质环境系统。

第二节
地质环境特征

　　人类生存所处的地质环境是地球最近一次造山运动和最近一次冰期后形成的。地质环境为人类和其他生命体生存繁衍提供了广阔的空间和丰富的物质资源，更是人类社会历史发展和经济活动依赖的最直接的场所。由于地质环境与人类活动密不可分，所以也就具有了与其他环境系统相区别的显著特征。

一、地质环境以系统的方式存在

　　巨系统是地质环境最为突出的特征。这种新的系统观与社会经济发展、军事需求、技术上的可能性以及思维水平的提高相关，即与人类文明进步程度相关，因此要从系统论的角度来认识地质环境。所谓系统就是既定边界下，由相互关联、相互制约、相互作用和相互转换的组分构成的具有某种特定功能的总体。地质环境系统是岩石圈、大气圈、水圈、生物圈相重叠的部分，是人类居住、生活和从事各种社会经济活动并与气、水、岩（土）发生联系的场所。是自然地质环境与人类经济—技术活动两者耦合的产物，是"人工—自然"的复合系统（雷祥义，2000）。人类依存的地质环境系统由两大子系统构成：作为自然基础的地质环境系统和作为人类社会经济活动产物的"人化"地质环境系统（如城市、农田、工程建筑物等）。两者相互作用，不可分割，是"牵一发而动全身"的有机整体。

（一）作为自然地质背景的地质环境系统特征

第一，地质环境是一个动力系统。地质环境中的物质都在运动且物质的运动都有一定的速率和演化过程，并有一定的动力学机制。例如，地球上的空气以不同的速度在流动，大气的温度、湿度与成分正发生着变化，海洋与陆地上的水都在不停歇地流动，其化学成分也在改变，生物在不断地繁衍与死亡、进化与变异。看起来十分稳定的岩石圈其实每天都在不断地运动变化着，以每年零到十几厘米的速度进行变位与变形，同时发生着物质的转化过程，其中既有物理的也有化学的、生物的作用。正是这些动力作用使我们拥有了生机盎然的环境世界。

第二，地质环境是一个开放系统。系统具有开放性特点，与外界存在的物质与能量不断交换。这种强相互作用意味着各圈层之间发生着耦合和解耦作用。由于耦合作用，任何两个圈层之间会存在一个复杂的过渡带，在该带内物质成分不均匀地趋向混合。解耦作用指圈层之间通过相互作用之后，体系解除耦合关系，其分别具有各自特色。例如，受到普遍关注的厄尔尼诺现象，它造成地表大范围内的异常气象，酷热、干旱、森林火灾、暴雨、洪涝，使人类生活受到严重干扰。对于它的发生机制研究，目前有信风影响、季风影响、海流紊乱、地球自转速率变化、天体引力变化、海洋火山、地震诱因等，所以不能只是把它当作一种单纯的气象看待，而是要从圈层相互作用和地质环境系统是一个开放的动力系统的观点来研究。也正是因为各圈层之间的强相互作用导致了复杂多样的地貌形态，如陆地与海洋，山地与平原，河流与湖泊，以及丰富多样的生命形态。

第三，地质环境是一个耗散系统。地球自诞生以来与周围环境之间一直发生着质量、能量与动量的交换，如太阳能辐射就是地质环境系统的主要能源。太阳辐射推动大气循环，进而引起水循环，带动地球表层大量物质的循环运动，促进侵蚀堆积过程。有机体固定太阳能辐射，是地质环境系统生命能量的基础。进入地质环境系统表层的太阳能辐射是短波辐射，能量高、熵低，最后以热辐射逸出地表的是长波辐射，能量低、熵高。只要形成足够的负熵流就能使系统的总熵不增甚至减少，使地质环境系统远离平衡状态，形成有序的结构和稳定功能（见图 3.1）。此外，地质环境是人类活动最重要的空间，不断地被人类改变自身的结构特征和化学成分。人类和生态系统要实现发展就必须不断地吸收负熵和排出熵，即把有序度高的能量和物质吸收进来，而把有序度低的能量和物质排出去，也就是损害各处，建造一处；损害环境，建造自己。但是人类对环境的损害超出了环境的承受能力，环境发生了明显的不利于人类生存的变化，这迫使人类反思自己的行为，思考文明的转型。

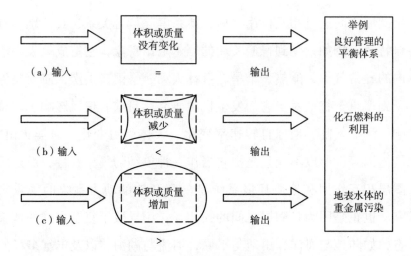

图 3.1　系统平衡或稳定状态

资料来源：陈余道，蒋亚萍．环境地质学［M］．北京：中国水利水电出版社，2018.

（二）作为人类社会活动产物的"人化"地质环境系统性表现

第一，有机整体性。即对某一特定人类"技术—经济"活动做出的生态响应，如修建水库。这类大型人类经济工程活动会导致上游回水发生浸没，下游冲刷河床；坝区边坡不稳诱发地震；河口陆域物质来源减少，陆地退缩等环境问题（仕玉治，2011）。

第二，超距性。对地质环境的某一部分施加影响后，各子系统相互作用，产生链式反应，其后果在空间、时间乃至应用领域上均有超远距离的传递性。如三峡水库建成后，河床冲刷动力带来的经济、社会、环境的影响达到 1100 公里（张人权，2001）。

第三，响应的滞后性。地质环境系统对人类活动的反应是滞后的。要通过一系列反馈作用，逐渐调整其结构和功能才能做出响应。正是这一特点使人们难以及时发现人类活动带来的环境负面影响，而是较长时间沉醉于获得的暂时性"成功"的喜悦中。等到不良反应出现时要么补救措施很困难，要么为时已晚，其结果是往往付出更为沉重的代价。

第四，系统行为的难控性与不确定性。地质环境系统的天然属性有些是可以事先预防或控制的，而有些则是目前人类知识和技术水平条件下无法控制的。如湖区的泥沙空间分布可以通过修筑堤防、疏浚湖泊等加以改变。但是构造沉降是不可能控制的，人类不能改变只能适应。因此，人类在经济发展过程中采取任何干预地质环境的活动之前，必须做充分的地质环境系统稳定性与生态性评估。

第五，系统行为的取向性。地质环境系统行为在演变过程中具有不确定性，而某些环境系统的最终取向则是确定的。如"洲滩形成—围堤垦殖—湖泊萎缩—泥沙淤积"是一个不断循环、不断壮大的非线性正反馈回路。泥沙淤积与湖域萎缩之间形成另一个非线性的正反馈分回路。正反馈回路的不断循环使系统趋向无序与不稳（仕玉治，2011）。这种正反馈回路与构造沉降相结合会使湖区洪、涝、渍不断加剧，生态环境全方位恶化（见图3.2）。

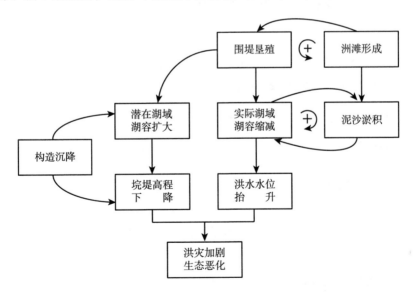

图3.2 洞庭湖区围湖造田与洪灾加剧及生态恶化的因果关系

资料来源：张人权.地质环境系统的概念与特征：以洞庭湖区地质环境系统为例［J］.地学前缘，2001，1（8）：59-65.

第六，系统表现的反直观性。即地质系统的表现方式往往与大多数人预料的结果相反。例如，修建大堤是为了防洪，结果却导致洪灾加剧；围湖造田是为了发展经济，却引起洪、涝、渍害全面发展，又成为妨害经济发展的瓶颈（张人权等，2000）；河流截弯取直是为了防洪，得到的却是洪水加剧。地质环境系统叠加上人类活动以后，经过子系统之间的反馈作用，能量流与物质流需经过较长时间才能达到平衡，体现为多米诺效应。

第七，社会共享性。如三峡工程，地域上涉及四川、湖北、江西、安徽、江苏及上海五省一市。行业上涉及防洪、发电、供水、渔业、旅游、文物考古、城市规划等。由不同地域和行业所共有的某一地质环境系统对其功能的开发意味着不同地域和行业利益的再分配。因此，地质环境系统不仅具有自然属性还具有明显的社会性。

二、地质环境演化过程的均变与灾变

地质环境的演化并非匀速、线性发展，表现为相对均变与突变交错的特性。世界上任何事物都有其发生、发展、消亡或更新的发展过程。演化不等于变化，如生物界由低级到高级、由简单到复杂就不是一个简单的变化过程。

（一）稳定期

稳定期表现为大气圈平均温度基本稳定，海平面变化幅度小，生物稳定的繁衍，地层内表现为连续沉积，地层间呈现为整合的接触关系等。但是所谓的稳定期其实仍是处于一种不平衡状态，但也自行趋向平衡。这种暂时的平衡常常只要施加某种并不太大的作用力灾变就会发生，整个地质环境系统就进入无序的混沌状态。

（二）突变期

与稳定期表现相反，突变期呈现极不平衡的无序状态。地球自45亿年前形成以来，其岩石圈的物质组成、结构、构造和地表形态一直处在不断变化中，这就是传统的地质作用，缓慢且持久。人类文明出现以后，地表受到来自人类活动的强烈冲击，使各地质环境子系统及其相互作用发生转换，系统的整体性与功能性被改变，其作用的规模和速度甚至超过了自然动力地质作用，灾变性更加频繁。地质环境系统本身具有自我调节能力，受到外力干扰时通过系统内部机制的调节能对外界的冲击进行补偿，以维持自身平衡。但当人为作用强度超过自身调节能力时，平衡便被打破，发生不可逆转的变化即灾害。滑坡、泥石流、地面塌陷、地震等地质环境问题至今仍然难以人为有效避免和控制。环境问题的出现就是人类对地质环境系统的外在干预与改造力度越发强烈，使系统难以恢复而导致的系统失衡（雷祥义，2000）。

三、自然与社会的双重属性

地质环境的另一个显著特点就是兼具自然社会的双重属性。地质环境的自然属性即自然地质作用。从古至今，自然地质作用从未停息，无论有没有人类干预，它都持续地进行着，影响着自然界的结构和功能。地质环境的社会属性表现为人为地质作用。比如，人类通过采掘矿产、修建水库、开凿运河等经济活动对岩、土、地下水、植被等进行时间、空间、结构、功能、属性的改造，都直接改变地形、地貌的动力作用。而食品安全、疾病传播、"生态帝国"等现象更是人类经济活动中直接产生的社会环境问题。人类干预环境的方式遵从的不仅是自然规律，更多是社会规律、经济规律，甚至是少数人的意志。地质环境系统的社会属性越来越受到学者的关注。

掌握自然状态下地质环境系统固有的演变规律，了解叠加人类作用后地质环境系统的演变特征及机制是构建人与自然和谐生态系统的基础。因此，对地质环境系统必须重视其产生、发展及演化的规律以研究灾害。这类环境问题由于在短时间内就能给人类造成巨大危害，所以容易引起人们的重视。当前，它们的发生不乏人类活动的干预与诱发，本章重点介绍了因人类社会经济活动诱发的第一环境问题。

第四章

当前环境问题与人类经济社会活动的关系

环境问题是由于人类活动或自然原因导致环境条件发生不利于人类生活和社会发展的转变，具有灾害性特点。受害对象直接指向人类及所依存的生态系统，进而威胁到人类的可持续发展。自第四纪地球上出现人类以来，再没有哪个地质时期的环境系统能受到如此深刻的影响。在物质与能量的转换过程中，人类始终是积极的、主要的参与者。这些作用既可以使环境变得更加有利于人类，也可以使环境更加恶化。从人类历史看，文明越是发达，人类的改造能力越强，对环境可能起到的正面或负面作用越大。因此，环境和人类的生息繁衍、文明进步息息相关，然而人类与环境的关系发展到今天却到了十分紧张的境地。

1992 年 11 月 18 日，全球 1571 名科学家起草了《世界科学家对人类的警告》。开篇就说"人类和自然正走上一条相互抵触的道路"。并提出当前全球环境问题主要表现为大气污染、水体污染、化学公害、温室效应、臭氧层破坏、酸雨、水土流失、土地荒漠化、热带雨林减少、物种灭绝、生物多样性减少、水资源短缺、能源危机、工业废弃物猛增、固体危险废弃物越境转移、核威胁、食品安全、人口爆炸、南北分化、贫富差距。这些问题可以归纳为三大类型：资源短缺、环境污染、生态系统失衡。

第一节

人类活动诱发的原生地质环境问题

按动力成因环境问题可以分为两类：原生环境问题和次生环境问题。动力成因既包括自然动力地质作用、人为地质作用，也包括自然与人为耦合的地质作用（见表 4.1）。原生环境问题是指由自然演变和自然地质作用引起的环境问题，也叫第一环境问题。如地震、火山、河流与洪水、岩土块体运动、海岸作用、旱灾、虫灾、地方病等，通俗地讲是自然地质灾害。

表 4.1 20 世纪上半叶全球八大环境公害事件

事件名称	时间	地点	症状	中毒物质
马斯河谷烟雾事件	1930 年 12 月 1 日至 5 日	比利时马斯河工业区	胸疼、咳嗽、呼吸困难	二氧化硫、氟化物

公害原因：马斯河谷分布众多重型工场，包括炼焦、炼钢、电力、玻璃、炼锌、硫酸、化肥等工厂，还有石灰窑炉。12 月 1 日至 5 日，时值隆冬，大雾笼罩整个比利时。由于该工业区位于狭长的河谷地带，发生气温逆转，大雾像一层厚厚的棉被覆盖在整个工业区上空，工厂排出的有害气体在近地层积累，无法扩散，二氧化硫浓度极高

影响：一星期内，60 多人死亡，其中以患有心脏病和肺病的人死亡率最高。与此同时，家畜也患类似病症，大量死亡

续表

事件名称	时间	地点	症状	中毒物质
多诺拉烟雾事件	1948年10月26日至31日	美国宾夕法尼亚州多诺拉镇	眼病、咽喉痛、流鼻涕、咳嗽、头痛、四肢乏倦、胸闷、呕吐、腹泻	二氧化硫及有毒有害的金属微粒

公害原因：小镇上工厂排放的含有二氧化硫等有毒有害物质的气体及金属微粒在气候反常的情况下聚集在山谷中积存不散。这些毒害物质附着在悬浮颗粒物上，严重污染了大气

影响：小镇中6000人突然发病，20人很快死亡。死者年龄多在65岁以上，大都是原来患有心脏病或呼吸系统疾病

洛杉矶光化学烟雾事件	1943～1970年	美国洛杉矶市	眼睛发红、咽喉疼痛、呼吸憋闷、头昏、头痛	光化学烟雾

公害原因：光化学烟雾是由于汽车尾气和工业废气排放造成的。一般发生在湿度低、气温在24～32℃的夏季晴天的中午或午后。汽车尾气中的烯烃类碳氢化合物和二氧化氮被排放到大气中后，在强烈的阳光紫外线照射下，会吸收太阳光所具有的能量。这些物质的分子在吸收了太阳光的能量后会变得不稳定起来，原有的化学链遭到破坏形成新的物质。这种化学反应被称为光化学反应

影响：1943年以后远离城市100公里以外的海拔2000米高山上的大片松林枯死，柑橘减产。仅1950～1951年，美国因大气污染造成的损失就达15亿美元。1955年，因呼吸系统衰竭死亡的65岁以上的老人达400多人。1970年，约有75%以上的市民患上了红眼病

伦敦烟雾事件	1952年12月5日至8日	伦敦市	呼吸困难、眼睛刺痛，发生哮喘、咳嗽等呼吸道症状，进而死亡率陡增	二氧化碳、一氧化碳、二氧化硫、粉尘等有毒气体

公害原因：1952年12月5日开始，逆温层笼罩伦敦，城市处于高气压中心位置，垂直和水平的空气流动均停止，连续数日空气寂静无风。正值伦敦冬季多用燃煤采暖，市区内还分布有许多以煤为主要能源的火力发电站。由于逆温层的作用，煤炭燃烧产生的二氧化碳、一氧化碳、二氧化硫、粉尘等气体与污染物在城市上空蓄积，引发了连续数日的大雾天气

影响：12月5日至8日的4天里，伦敦市死亡人数达4000人。在发生烟雾事件的一周中，48岁以上人群死亡率为平时的3倍；1岁以下人群的死亡率为平时的2倍。在这一周内，伦敦市因支气管炎死亡704人、冠心病死亡281人、心脏衰竭死亡244人、结核病死亡77人，分别为前一周的9.5、2.4、2.8和5.5倍。此外，肺炎、肺癌、流行性感冒等呼吸系统疾病的发病率也有显著增加。在此之后的两个月内，又有近8000人因为烟雾事件而死于呼吸系统疾病

事件名称	时间	地点	症状	中毒物质
四日市哮喘事件	1961~1972 年	日本四日市	支气管炎、支气管哮喘	二氧化硫等多种有毒气体及有毒铝、锰、钴等重金属粉尘

公害原因：1955 年，利用盐滨地区海军燃料厂旧址建成第一座炼油厂，从而奠定了这一地区的石油化学工业基础。到 1958 年以后，四日市成了日本石油工业四分之一的重要临海工业区，周围又挤满了 10 多个大厂和 100 个中小企业。大气污染极为严重。全市工厂粉尘、二氧化硫年排放量达 13 万吨。重金属微粒与二氧化硫形成烟雾，吸入肺中能导致癌症和逐步削弱肺部排除污染物的能力，形成支气管炎、支气管哮喘以及肺气肿等许多呼吸道疾病

影响：1961 年，四日市哮喘病大发作。1964 年，连续 3 天浓雾不散，严重的哮喘病患者开始死亡。1967 年，一些哮喘病患者不堪忍受痛苦而自杀。到 1970 年，四日哮喘病患者达到 500 多人。1972 年，全市共确认哮喘病患者达 817 人

| 水俣病事件 | 1953~1956 年 | 日本熊本县水俣市 | 患者轻者口齿不清、步履蹒跚、面部痴呆、手足麻痹、知觉出现障碍、手足变形，重者精神失常，直至死亡 | 汞 |

公害原因：1956 年，日本氮肥公司将大量含有汞的废水排放到水俣湾，当汞离子在水中被鱼虾摄入体内后转化成甲基汞（CH_3Hg），这是一种主要侵犯神经系统的有毒物质。水俣湾里的鱼虾因为工业废水被污染，而这些被污染的鱼虾又被动物和人类食用。甲基汞进入人体后会导致神经衰弱综合症

影响：精神障碍、昏迷、瘫痪、震颤等，并可导致发生肾脏损害，重者可致急性肾功能衰竭，此外还可以致心脏、肝脏损害。据统计，有数十万人食用了水俣湾中被甲基汞污染的鱼虾。水俣病严重危害了当地人的健康和家庭幸福，使很多人身心受到摧残，甚至家破人亡。水俣湾的鱼虾不能再捕捞食用，当地渔民的生活失去了依赖，很多家庭陷入贫困之中。截至 2006 年，先后有 2265 人被确诊患有水俣病，其中大部分已经病故

| 痛痛病 | 1955~1972 年 | 日本富山县神通川流域 | 初期腰、手、脚等各关节疼痛，延续几年之后，身体各部位神经痛和全身骨痛，不能行动，最后骨骼软化萎缩，自然骨折，直到在衰弱疼痛中死去 | 镉 |

公害原因：与三井金属矿业公司神冈炼锌厂的废水有关。该公司把炼锌过程中未经处理净化的含镉废水长年累月地排放到神通川中，而当地居民长期饮用受镉污染的河水并食用此水灌溉的含镉稻米，致使镉在体内蓄积而造成肾损害，进而导致骨软化症

续表

事件名称	时间	地点	症状	中毒物质
影响：直至 1977 年，病死人数达数万余人				
米糠油事件	1968 年 3 月至 1978 年	日本九州	初期为眼皮肿胀，手掌出汗，全身起红疹，其后症状转为肝功能下降，全身肌肉疼痛，咳嗽不止，重者发生急性肝坏死、昏迷等，以致死亡	多氯联苯

资料来源：尹奇德. 环境与生态概论［M］. 北京：化学工业出版社，2007.

一、人类活动诱发的地震

地震是指发生在地球内部而在地球表面呈现灾变性事件的现象。它是所有改变地貌、引起人类文化巨大灾难的自然灾害中最可怕的一种。其成因主要与断层和火山活动有关。地震的影响有永久性和衍生性，前者包括断层崖、地面破裂、河流堰塞。后者包括滑坡、海啸、泥石流、水库大坝崩溃、火灾、化学物质泄漏、生态系统破坏、财产与生命损失。其中，因人类经济—技术活动诱发的地震也屡见不鲜，以下举例说明。

（1）水库与井下注水。1931 年，人们首次在希腊发现人工水库与地震的发生有联系。1935 年，美国科罗拉多胡佛水库开始蓄水，1936 年其附近地区就有地震活动，震级 5 级。1962 年 3 月，我国广东河源市新丰江水库由于水库蓄水诱发大地震。震中在大坝下游约 1000 米，震源距离地下 5000 米，强度 6.1 级（张业成，1999）。20 世纪 60 年代，人类在对生产过程中产生的废水进行处置时，发现井下注水也可以诱发地震。

（2）矿山开采。矿山开采可以产生意外的震波，这是由于开凿地球的岩体引起矿田压力场的重新分布。当突发事件发生时，随之而来的是更多未掘岩石的崩塌，这种现象称为"岩爆"，其结果可以导致能量大量释放而引发地震。

（3）地下核试验。地下核试验不仅能引起地震，而且引起的都是震级较大的地震活动，甚至可以被几千里之外的地震仪检测到。此外，筑路、隧道这些人类工程活动都会诱发地震。

二、人类活动诱发的洪水灾害

洪水是河流水位超过河滩地面溢流的现象，是人类自古以来经历的最为普遍的地质灾害。其形成原因有自然因素也有人为因素。洪水灾害影响可以分为直接和间接两方面。直接灾害表现为淹没，这是洪水以其水流强度所导致的直接损失。包括受伤与死亡、桥梁、道路、房屋等建筑物的冲毁，农田埋葬、侵蚀与淤积、景观与作物受损等。间接灾害包括河流短期污染、疾病传播、移民，以及衍生的火灾、管道破裂、化学物质泄漏等。

（1）人工围垦造成湖泊萎缩。湖泊萎缩是一个典型的自然和人为动力地质作用耦合的结果。湖泊天然对蓄洪、分洪、调洪有重要作用。然而我国目前湖泊面积不断萎缩，调蓄洪水能力严重不足。造成湖泊萎缩的原因：一是围湖造田，二是湖泊淤积。强烈的自然淤积不但加速了湖泊萎缩，而且为围湖造田提供了便利，这一过程又进一步加剧了湖泊萎缩（见图 4.1）。湖泊淤积造成湖泊萎缩的现象在我国普遍存在，长江中下游尤为严重。湖北被称为"千湖之省"，新中国成立初期有天然湖泊 1066 个，到 20 世纪 80 年代末仅存 309 个[①]。洞

---

① 郑亚慧. 荆江与洞庭湖关系研究及防洪对策探讨 [D]. 武汉：武汉大学，2001.

庭湖演化萎缩之剧烈甚至吸引了来自国外的关注。1825 年以前，洞庭湖是一个广阔、完整的湖泊，面积 6270 平方公里，此后被人为分割成东洞庭、西洞庭、南洞庭。到 1949 年，总面积 4350 平方公里，容积近 300×10^8 立方米，此后进一步萎缩，目前西洞庭已经消逝。到 1984 年，总面积只有 2691 平方公里，容积 147×10^8 立方米，20 世纪 90 年代进一步缩减至 2150 平方公里[①]。

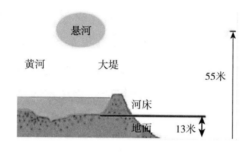

图 4.1　黄河开封段悬河

（2）人类防洪工程进一步引发的洪水灾害。从 19 世纪开始，人们就尝试通过河流整治的方法，如建造大坝、防洪堤或河道疏浚来抵御洪水灾害。每一个防洪工程的建成似乎都告诉人们这里不会再受洪水侵害，以前的洪泛地也会被进一步开发利用。然而，当出现更大的洪水且防洪工程难以抵御时，人类又不得不建造更大的工程，抵御更大的洪水灾害。近年来，人们开始比较不同防御方案的优缺点，是应该采用建造工程的方法来防御洪水，还是应该通过调节人类行为来适应洪水，后者包括洪水保险和洪泛区土地利用管理。常采用的防洪工程如防洪屏障，一般用混凝土来固化防洪堤和防洪墙，河流上游可以通过蓄水的方式延迟泄洪的水库及可以滞洪的低洼盆地。然而，由于洪泛区的不断开发利用，防洪屏障时常遭受不同程度的损毁。更

① 张业成. 我国洪涝灾害的地质环境因素与减灾对策建议［J］. 地质灾害与环境保护，1999，10（1）：1–13.

为重要的是，这些防洪工程失效时，洪水对邻近区域的侵害会更加严重。再比如河流渠道化，这是指顺直、加深、拓宽、清洁河流的一系列措施。目的是能够防御洪水、排除内涝、防御侵蚀和改善通航条件。其中，防洪和排涝是最主要的目标。然而，不成熟的渠道化改造工程也带来了负面效应。比如，低洼区排涝会消除当地某些物种的生态环境，恶化动植物的生存条件；砍伐沿河树木会消除鱼类的遮阳带，将河流暴露在太阳底下，其结果会导致植物物种的丧失，增加水域有机体对热量的敏感性；砍伐洪泛区年长树木将消除大部分动物与鸟类的生态环境，使河流更容易遭受侵蚀和盐化；整治河道会毁坏水流的多样性，改变水生生物的栖息地；将蜿蜒河流变成顺直、暴露的河流，很大程度上也消除了自然河流的美学价值，此外还有很多伪生态工程，比直接干预、破坏行为带来的环境危险更为严重。

（3）城市化影响。城市化对洪水的影响不仅体现在地面渗透性变化与雨水管网设施上，还体现在为获得水面景观而建筑的蓄水构筑物，以及小型河流上的桥梁设施，它们都能影响河水的行洪，是造成行洪不畅和内涝的主要原因。此外，本书将在本章的第二节、第三节中继续对城市化对环境的影响进行分析。

三、人类活动诱发的岩土块体运动

岩土块体运动是指地球表面岩土体沿斜坡或垂直向下位移的现象。通常滑坡、泥石流、崩塌都属于该类现象。块体运动是普遍存在的一种地质灾害，常常与其他灾害如地震、洪水和火山爆发联系在一起，它的发生需要有足够的驱动力来克服岩土本身的稳定性。岩土块体运动至今，人类都很难控制。由人类活动产生的岩土块体运动主要表现在以下五个方面。

1. 修建公路

修建公路是最常见的直接导致滑坡的原因。修建公路常常需要把山坡拦腰截断，导致水流动态发生变化，物质的抗剪力减弱。

2. 山腰营建

在山腰修建建筑物无疑是一个冒险，尤其当设计不合理、选址不科学的时候，常因建造房屋、别墅引起大型滑坡。

3. 大坝与水库

大坝、人工湖泊与水库的建设为滑坡的产生创造了另一种环境条件，即给邻近地区带来了人为的水位变动。当水库开始蓄水时，水软化沉积物后造成了剪切强度下降，导致更多的滑坡产生。

4. 矿山开发

开发矿产资源为滑坡产生提供了直接的触发条件。比如，高边坡露天开采、尾矿库坝体不稳，都能够导致灾害发生。

5. 砍伐森林

树木能够增强岩土体的抗剪能力，同时其蒸腾作用形成了岩土体内水分外泄的途径，有助于地质体的稳定性。砍伐森林必然会加速水土流失，产生各种类型的滑坡。

四、海岸工程建筑造成的海岸侵蚀

地球上的海岸带指陆地与海洋的接触带，这里是最剧烈的动力环境之一。海岸侵蚀是指海水动力的冲击造成海岸线后退和海滩下蚀。由于海平面上升和不合理地开发海岸带，海岸侵蚀正成为世界性的严重问题。人类如果持续过度开发海岸带、发展休闲度假娱乐，那么海岸带侵蚀必将越演越烈。我国近七成的砂质海岸线以及所有开阔的淤泥质海岸线均存在海岸侵蚀现象（杨子庚，2021）。

海岸侵蚀也是一个自然和人为动力地质作用耦合的结果。人们修建大量海岸工程目的是缓解海岸侵蚀。海岸环境上的工程建筑物包括海堤、丁坝、防浪堤和防波堤，他们主要是用于改善航道或阻碍侵蚀的发展。但是他们的出现也干扰到海滩泥沙的沿岸搬运，而且这些建筑物由于改变了流水运动规律，使得在自身附近又造成了新的沉积和侵蚀。（1）海堤：是一种与海岸带平行的建筑物，目的是有效防止海岸侵蚀后退，其材料主要是大块坚硬岩石、木块和其他材料。很多海洋工程师反对修筑海堤，因为海堤是直立结构工程，能够与推进波碰撞后使波浪回弹，这种作用反而会加大海滩侵蚀。此外，几十年后的海堤还会形成一个较窄小的少沙海滩。绝大多数地质学家认为，修筑海堤引发的问题多于它能解决的问题。应尽量减少利用海堤，也避免引发环境和美学上的退化。（2）丁坝：修筑丁坝目的是拦截沿岸部分泥沙，并形成一个不规则的较为宽广的海滩，以保护海岸线免遭侵蚀。然而，丁坝的存在不可避免地使上游淤积、下游受侵蚀（见图4.2）。（3）防波堤和防浪堤：这两种人工建筑都是用来保护海岸线免受波浪侵蚀的海防工程。防浪堤用来防止波浪侵蚀，为船只停泊提供一个港湾。但是防浪堤会堵塞海滩泥沙的天然沿岸搬运系统，导致海岸的形状发生局部改变，例如形成新的海滩和新的侵蚀区域。除此之外，还有可能填满或堵塞港湾入口，形成沙嘴或栅栏的沉积物，在下游引发严重的侵蚀问题。因此，经常需要通过疏浚来确保港湾的开放和泥沙的清淤。防波堤通常成对地被修筑在河口、泄湖或海湾的入口处。设计它们是为了稳固河道，防止或减少河道中的沉积泥沙。防波堤通常还可以保护河道免遭大波浪侵袭。但是防波堤一般会堵塞沿岸泥沙流，导致防波堤上游开阔而下游受侵蚀。且随着拦截的泥沙越来越多，最终会填满河道，其功效也就丧失。无论是防波堤还是防浪堤，一定会干扰海岸泥沙的沿岸搬运活动，这类结构工程必须得到谨慎地规划且配套一些能消除或至少可以减少不利影响的防护措施。由此可见，海岸环境始终处于动态变化过程，人类的海岸线工程会带来较多的次生环境问题且不可避免。如何为后代保留更天然的海岸带，减少人为干预才是更应该加以研究的问题。

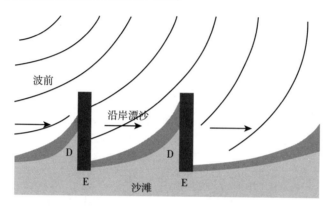

图4.2 丁坝对沿岸漂沙影响
资料来源：陈余道，蒋亚萍. 环境地质学［M］. 北京：中国水利水电出版社. 2018.

五、人类活动引起的地方病

2000 多年前，在《黄帝内经》中就已经指出，人们的生理特征、健康状况与气候、水土、饮食等条件密切相关。"顺之则苛疾不起，逆之则灾害生"。世界上最早发现地方性甲状腺肿与饮水有关的人是唐朝的陆羽，他指出："凡瀑涌溯湍之水，饮之令人有颈疾"[①]，这是由于原生地质环境特别是天然水中化学物质不足或过剩导致的地方性病症，称为地方病。地方病具有强烈的区域性，一般由地质环境造成，主要通过化学元素对人体健康发生作用。此外，人为因素如食物

---

① 姚春鹏. 黄帝内经［M］. 北京：中华书局，2009.

污染、工业化、水污染、大气污染等也会造成一定程度的地方病
（见表4.2）。

表 4.2　　　　　　　　人类活动诱发的原生地质环境问题

类型	人类活动	环境灾害
地震	建坝、修建水库、注水、矿山开采、地下核试验、筑路、隧道	地面破裂、河流堰塞、滑坡、海啸、砂土液化、泥石流、水库大坝崩溃、火灾、化学物质泄漏、生态系统破坏、财产与生命损失、心理创伤
洪水	围湖造田、防洪工程（防洪屏障、河流渠道化等）、城市化	湖泊萎缩、水土流失、森林植被破坏、水库淤积、地上"悬河"
岩土块体运动	修建公路、山腰开发、筑坝、修建水库、矿山开发、砍伐森林	地震、洪水、火山、地貌景观改变、水土流失
海岸灾害	建造拦河坝、滩涂围垦、大量开采海滩沙、不适当的海岸工程、不合理的开发利用	海岸侵蚀、海崖侵蚀
地方病	人为活动导致天然水中化学物质异常、食物污染，大气污染、工业化	地方病（大骨节病、克山病、地方性氟中毒、地方性甲状腺肿）

资料来源：曲焕林．人类生存的地质环境问题 [M]．北京：地质出版社，1998．

第二节
主要由人类活动造成的次生环境问题

次生环境问题也叫第二环境问题，是在经济生产生活过程中由
各种人为因素引起的环境问题。次生环境问题所造成的危害多是潜
在的、累积的，其产生影响缓慢，短期内不易引起人们足够的重视，
但效果却是巨大的，因此更要加强人类的环境意识。次生环境具体表
现在以下几个方面。

一、人类活动引起的大气环境问题

大气环境问题是指人类活动导致大气成分发生不利于人类的变化。温室效应、臭氧层破坏与酸雨是全球性大气环境的三大问题。（1）温室效应：与排入大气中的二氧化碳和其他气体及微粒子的数量增长有关。这类大气污染源来自各种形式的人类工业活动，如汽车尾气排放、使用煤和石油等化石燃料释放出二氧化碳、甲烷、氮氧化物、臭氧、氟利昂以及水汽等温室气体。温室效应会造成全球气候变暖、病虫害增加、海平面上升、土地荒漠化、疾病肆虐，以及生态平衡破坏造成人类食物供应短缺和生存环境恶化。乌鲁木齐一号冰川后退，以及全球海平面的变化规律表明，全球温室效应从 1977 年开始持续至今。（2）臭氧层破坏：南极上空的臭氧层空洞是人类生存环境恶化的标志。英国科学家在 1985 年观测到南极上空出现臭氧空洞。人类活动导致的二氧化碳排放量增加，使缓解紫外线辐射的臭氧层浓度降低，两极上空出现臭氧层空洞且面积不断扩大。臭氧层破坏的直接危害表现为人类患皮肤癌、白内障的概率增大，人的免疫系统损坏，传染病的发病率增加。（3）酸雨：pH 值小于 5.6 的降水叫酸雨，又叫酸沉降。1972 年，斯德哥尔摩召开的联合国人类环境会议正式将酸雨作为一种国际性环境问题开始重视。人类生产活动燃烧石油和煤炭释放出大量的二氧化硫和二氧化氮，他们与空气中的水分和氧气之间发生化学反应后形成硫酸和硝酸，使雨水的酸性增强而引起酸雨。酸雨会带来严重的生态破坏，树木经酸雨腐蚀枯萎、死去。酸雨落到湖泊，湖水酸化，鱼类死亡。建筑物、金属也会被酸雨腐蚀（见表 4.3）。

表4.3　　　　　　　　　　　几种大气污染物对人体的影响

名称	对人体的影响
二氧化硫	视程减少、流泪、眼睛炎症、异味、胸闷、呼吸道炎症、呼吸困难、肺水肿、迅速窒息死亡
硫化氢	恶臭，恶心呕吐，呼吸、血液循环、内分泌、消化和神经系统受到不良影响，昏迷，中毒死亡
氮氧化物	异味、支气管炎、气管炎、肺水肿、肺气肿、呼吸困难直至死亡
粉尘	眼睛不适、视程减少、慢性气管炎、幼儿气喘病和尘肺病、死亡率增加、能见度降低、交通事故增多
光化学烟雾	眼睛红肿、视力减弱、头疼、胸闷、全身疼痛、麻痹、肺水肿、严重者1小时内死亡
碳氢化合物	皮肤和肝脏受损、致癌死亡
一氧化碳	头晕、头疼、贫血、心肌损伤、中枢神经麻痹、呼吸困难、严重者1小时内死亡
氟和氟化氢	眼睛、鼻腔和呼吸道受到强烈刺激，引起气管炎、肺水肿、氟骨症和斑釉齿
氯和氯化氢	眼睛、上呼吸道受到刺激，严重时引起中毒性肺水肿
铅	神经衰弱、腹部不适、便秘、贫血、记忆力低下、血液中毒

资料来源：左亚文，等. 资源·环境·生态文明 [M]. 武汉：武汉大学出版社. 2014.

二、人类活动造成森林资源锐减

当前气候灾害增多与热带雨林被大规模破坏有直接关系。事实上，人类文明的建立正是从砍伐森林开始的。地球上覆盖的森林面积曾经占陆地面积的2/3，约76亿公顷。但近百年来森林破坏速度加快，到20世纪80年代减少到26亿公顷，现在仅剩不到13亿公顷[①]。人类的砍伐、开垦林地、采集薪柴、毁林放牧、酸雨、火灾都在不断地大规模破坏森林。森林面积减少会直接带来生态环境问题，包括气

① 顾培亮. 浅谈可持续发展 [J]. 天津科技, 2001 (19)：2-6.

候异常、水土流失、二氧化碳排放量增加、物种灭绝和生物多样性减少。其中，生物多样性的减少是森林资源被破坏造成的最严重的危害之一。据统计，现在每年至少有 5 万个物种，即每天 140 个，每 10 分钟一个物种从地球上灭绝。而在正常的生态系统下，物种的自然灭绝速度非常低（SvenErik Jensen，2011）。

三、人类利用水资源造成的环境问题

水是人类生存和文明的命脉，人类的生产、生活从来离不开水。淡水虽然属于可再生资源，但是森林资源锐减导致大气变暖、人口增长过快、工业用水急剧增加、人为浪费、污染严重，都造成世界淡水供给日趋紧张。具体来说，因人类利用水资源造成的环境问题包括以下 3 个方面。

1. 水资源枯竭

水资源枯竭是扼制地区社会经济发展的重要瓶颈。主要原因一是过量饮用地表水导致的河湖干涸。如在河流上修建过多分水渠引水，很多河流已成了涓涓细流，在旱季到不了出海口就已经干涸了。由于没有淡水注入大海，导致红树林和鱼类栖息地迅速减少。二是过量汲取地下水引起区域性水位下降。开采地下水会引起地下水水位下降形成漏斗状凹面，称之为地下水降落漏斗。

2. 水质恶化

水质恶化是水体在自然或人为因素影响下导致水体质量下降的现象。水体污染的污染物主要有：悬浮物、耗氧有机物、植物性营养物（含氮、磷的有机、无机化合物）、重金属、酸碱、石油类、难降解有机物、放射性污染、治病的细菌、病毒、热污染等，其来源于生活污水、农业退水、工业废水等。地表水水质恶化的污染源有两类：点源污染和非点源污染。点源是指呈点状分布的污染源，通常不连续且范围狭窄，例如工业或城镇污水，废水入河排污口等。一般来说，从工业来的点源污染物经过就地处理来控制，或发放许可执照来管制。但是在暴雨期间，城市地区暴雨径流常常超出下水道系统的容量，溢流将污染物及废弃物带进附近的地表水。非点源呈面状，具有较大的分布面积，是散布、间歇性的。影响因素有土地利用、气候、水文、地形、植被和地质等。常见的城市非点源包括街道空地的径流，含有各种污染物质如重金属、化学物质、沉积物等。如居民洗车的清洁剂和油渍留在车道表面，暴雨来时冲入河流；雨水冲刷花园植物的杀虫剂流入河流；流过工厂和仓库的雨水和径流也是非点源污染。乡村非点源污染通常和农业、林业、开矿有关。农村不合理使用化肥、农药等农用化学物质，导致它们将随农田水排放或随水土流失，对地表水造成日趋严重的影响。因此，非点源污染很难加以控制。

地下水水质恶化是指在天然条件下，地下水各项动态包括水位、水量、水质及水温处于天然的动平衡状态，其中包括水分与盐分的动态平衡。

3. 水利工程影响

水利工程的实质是以某些自然环境、社会环境和生态资源被破坏为代价的。不恰当的水利工程更是会对区域内水资源平衡产生巨大扰动（罗丽娟，2014）。由水利工程造成的地质环境问题表现在以下3个方面。

（1）水库与上游淤积。

兴建水库极大改变了河流原有的水动力条件和地质作用，使其侵蚀、搬运和沉积的作用发生变化，给上下游防洪、灌溉、航运、排涝、治碱、生态平衡带来严重影响。水库淤积不仅对上游和库区产生极大影响，而且由于清水下泄，水流冲刷增强，库底侵蚀显著，河道还经常出现负坡降，这对汛期防洪提出很大挑战。这是开发、利用水资源过程中的全球性工程问题。

（2）水库浸没。

浸没对水库周围的工农业生产和居民生活危害很大，不仅使农田沼泽化和盐渍化，而且使建筑物地基强度降低甚至被破坏。对下游的影响主要体现在：使下游农田逐渐失去肥源；鱼类失去食物来源；海岸线迅速后退，原有拦水坝和桥梁基础遭破坏，海岸沙丘体无规则扩散，岸边村庄淹没（见图4.3）。

（3）水质恶化。

水库蓄水对原有水生系统产生显著影响，水质改变不可避免，特别是细菌和富营养化作用使水体发臭，同时也使水中氧的含量降低。水中溶解氧的降低又导致厌氧微生物繁殖，水质进一步恶化。

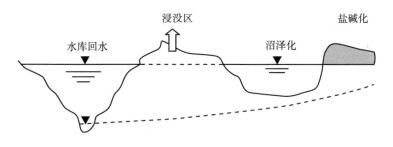

图4.3 水库回水及浸没

资料来源：王汇明. 平原型水库库区浸没分析与研究［D］. 南京：河海大学，2004.

四、利用土地资源引发的环境问题

土地是真正的无价之宝，而且其中最为珍贵的是耕地。耕地为人类的生存提供了最基本的物质保障。但是能作为耕地的平坦而肥沃的土地极为有限。因土地利用引发的环境问题主要有以下4个方面。

1. 土壤侵蚀

土壤侵蚀是土壤及其母质在水力、风力、冻融或重力等地质营力作用下，被破坏、剥蚀、搬运和沉积的过程，即夷平过程。人为原因主要是生产建设活动中边坡开荒、不合理的森林砍伐、过度放牧、开矿、修路、采石等。土壤侵蚀常常给国民经济建设带来极大危害，主要表现在：跑水、跑土、跑肥，土地生产力下降甚至丧失；切割蚕食、淤积、埋压田地；危害水利设施；淤塞江河、破坏交通，如"悬河"；污染水质，影响生态平衡。

2. 土地荒漠化

土地荒漠化包括水蚀、风蚀、次生盐渍化和沙化等多种土地退化过程（即沙漠化、石漠化、盐渍化、寒漠化、砾漠化），其结果是生物生产力持续下降，粮食、牧草减产，甚至绝收。人为因素包括过度樵采、过度放牧、过度开垦以及水资源不合理利用等。土地荒漠化是全球性的重大生态环境问题，它不仅对人类的生存、生活环境造成严重危害，而且成为导致贫困、社会动荡和阻碍经济、社会可持续发展的重要因素，被称为"地球的癌症"。

3. 土地盐渍化

土地盐渍化是指可溶性盐碱在土壤中积聚，形成盐土和碱土的过程。干旱地区盐渍化主要是不合理灌溉（如灌水量过大，或灌溉水质不好）形成的，这种由于人类不合理的农业措施而发生的盐渍化称为次生盐渍化。此外引起土地盐渍化的原因与沿海地区的海水入侵也有关系。

4. 土地污染

土地污染是指土地因受到采矿或工业废弃物或农用化学物质的侵入，恶化了土壤原有的物理化学性状，使土地生产潜力减退、产品质量恶化并对人畜健康和环境造成危害的现象和过程（朱遥，2014）。土壤的主要污染物包括重金属、盐、酸雨等无机污染物，杀虫剂、农药等有机污染物以及放射性物质、寄生虫等。特别是我国乡镇企业兴起的那些年，"三废"进入土壤的数量巨大，食品问题威胁人畜健康，降低了社会诚信度，也影响到我国农产品的出口美誉度。

五、开发矿产资源对环境的影响

矿产资源是指由于地质成矿作用形成的有用矿物或有用元素，含量达到具有工业利用价值的赋存于地壳内的自然资源。矿产是不可再生资源，矿产资源与它们的衍生产品渗透到了人类文明的各个方面——习俗、商业、福利和生活质量等。采矿是人类对地质环境破坏极大的一种社会经济活动，引发的地质环境问题众多。

1. 三废

废气，包括岩矿爆破产生的炮烟和粉尘，硫化矿石氧化、自燃和水解产生的气体，以及含釉矿床放射性元素蜕变过程中转化成的有害气体等。这些气体中含有一氧化碳、氮氧化物、二氧化碳、硫化氢、氡气等。有的本身剧毒，有的则与其他媒介发生作用而生成各种毒液，直接侵袭人体和其他生物脏器，导致人体发生病变直至危及生命。而未经处理的废气、粉尘排放进入大气会引起大气污染和酸雨。废水，主要来自矿坑排水、洗矿过程中的尾矿水等，多含有大量重金属及有毒、有害元素。这些废水排放后直接污染地表水、地下水和农田，进而污染农作物。废渣，包括矿山生产过程中产生的固体残留物，如煤矸石、废石、尾矿等。对矿山周围和下游水体、土地产生严重污染，直接威胁到附近居民和牲畜的健康（见图4.4）。

图4.4 黄陵地区煤矿地面塌陷良田撂荒

资料来源：笔者拍摄于野外。

2. 岩溶塌陷及采空区塌陷

岩溶塌陷的经济损失和社会影响巨大。我国矿山开采以地下开采为主，塌陷区面积往往占到矿山开发破坏土地面积的39.57%（隋杨，2015）。采空区是由于人为挖掘，在地表下面产生的"空洞"，是矿山安全生产的主要危害。采空区塌陷会造成人员伤亡、矿山环境恶化、矿产资源浪费。

3. 土地占用与土地退化

采矿活动所占用的土地包括厂房、施工广场、堆矿场；为采矿经济服务的交通设施；生产过程中堆放的固体废弃物；因采矿导致的地裂缝、地表变形及大面积塌陷。采矿过程会大量破坏植被和山坡土体，产生废石、废渣等松散物，导致矿山地区水土流失（卢晋波，2006）。

4. 矿震

矿震是采矿所诱发的地震，采矿业称之为"冲击地压"，其在我国许多矿山当中出现，已成为矿山主要的地质环境问题之一。它包括由采矿和抽水采矿引起的构造型地震、塌陷地震和岩（煤）爆三类。

5. 破坏水均衡系统

矿产资源形成的地方一般地质和水文条件都比较复杂。采矿时必须对地下水进行疏干排水，必要时深降强排，由此经常引发矿井突水事故。矿区由于疏干了周围地表水，浅层地下水又长期得不到补充，矿区周边几乎没有植被生长。有的地区甚至形成土地石化和沙化。

6. 坡地失稳

采矿活动本身及大量矿渣和尾矿的堆放经常导致矿区发生崩塌、滑坡和泥石流。特别是河床、河口、公路铁路旁，一遇暴雨就会造成水土流失，产生滑坡、泥石流，将尾矿冲进江河湖泊，造成河塘淤塞，泄洪不畅，甚至阻塞交通。给国民经济和生命财产安全都造成巨大损失。

从矿山开采活动可以看出，人类的每一种社会经济活动都可能产生多种环境问题（见图 4.5）。一种环境问题也可能是多种人类活动叠加而成的（尤孝才，2002）。

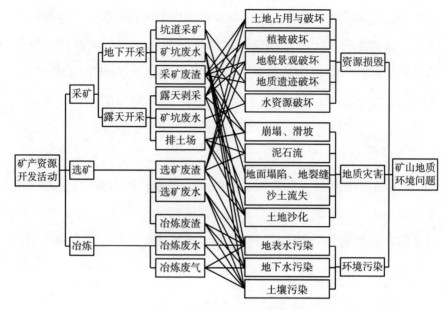

图4.5 矿山开采引发的地质环境问题

六、城市化引发的环境问题

城市化过程是社会生产力变革所引起的生产方式、生产力布局、人口分布及生活方式发生客观演变的过程。由城市化引发的次生地质环境问题主要有以下四个方面。

1. 城市化对水资源和水环境的影响

（1）改变水系形态。

城市建设过程中往往要对原有的天然水资源系统进行各种改造以适应城市发展的需要。为了城市防洪、景观等需求，河湖水体的填平、改道、开挖改变了原来的水系形态，市区的供、排水网络作为人工的水系形态与自然水系叠加，形成人工—自然复合水资源系统，这一改变对城市环境的影响需要从长期的、多方面的视角进行分析。

（2）改变蒸发降雨模式。

人类活动可以创造一种城市微气候，自然界中的风、温度和降水模式都可以被楼房及其他砖、石、地面结构改变，导致城市温度比相邻地区高出 3 ~ 6℃，这就是我们常说的"热岛效应"。由"热岛效应"进而带来"雨岛效应""雾岛效应"。

（3）地下水超采。

城市规模的不断扩大，许多城市的地表水源早已丧失使用功能，地下水已成为主要的供水源。不断抽取地下水会导致地下水水位下降，破坏原有地层的受力平衡。在地面载荷作用下，被疏干的含水层压缩造成地面沉降、建筑物倾斜、路基开裂，桥梁变形等常见的城市地质灾害。地下水水位下降还会引起海水倒灌、咸水入侵等污染淡水资源的情况。

（4）改造地表水径流，河流水质污染。

在城市环境中，市区地表水径流完全被改造，河流水文曲线的几何形态与天然地区的大不相同。河川径流状况受控于不透水面积占总面积的百分比，以及河水穿过陆地的输送速度。由建筑物、街道、停车场等构成了不能渗透的地面，无法通过正常的渗滤吸收的雨水很快就流入了人工挖掘的阴沟和雨水排水沟，它们在极短的时间内抵达相邻的河流，这将使河流产生极高且快速的洪峰。此外，由于雨水不能穿过地表进入地下水面，使地下水补给受影响，一系列水资源、水环境问题产生。

（5）水质污染。城市既是用水的集中地又是污水排放的集中地。随着工业的发展和生活日用品的丰富，越来越多的有机物、重金属、合成化学品进入排放的废水中更加难以处理。如汽车尾气中的重金属、建筑材料的腐蚀物、动植物的排泄物、城市绿地喷洒的农药、融雪撒的路盐以及城市固体废弃物的渗液等（赵赟，2009）。在暴雨期间，特别是暴雨初期，这些污水足以破坏水生环境，杀死水生动物。

2. 对土地利用的影响

城市化过程是人群不断聚集与城市规模不断扩大的过程，城市建筑在不断向外围扩张的同时，地下空间的利用也发挥了巨大作用。然而，由于地质环境条件的不同，很多情况下需要对地下物质进行地基处理，采用各种基础或补强措施直到满足建筑物的稳定性需要。这一过程势必存在对地下物质的扰动，而这样的扰动会对城市范围内地下水赋存、径流以及排泄造成干扰甚至阻碍地下水运动路径。城市化带来的环境次生影响表现在：城市地下水储藏空间被占用，可开发利用的地下水量减少；地下水水质受径流条件改变而逐渐恶化；城市河流在洪水季节向地下排泄途径不畅或排泄量减少；河流在枯水季节可能得到的激流减少，进而减少了河流枯水季节的水环境容量，地表水污染加强；在岩溶地区由于地下水径流条件的改变会增加地面塌陷发生的频率（见图4.6）。

图4.6　某市地铁车站因施工引起的地面塌陷
资料来源：笔者现场拍摄。

3. 固体废物处置

城市固体废弃物可以分为工业废弃物、家庭垃圾、建筑废料及纸张、塑料、金属、玻璃、木材等。固体废弃物的处置是一种试图最小化固体废弃物对自然与人类影响的最终或者安全处置方法，是固体废物污染控制的末端环节。处理固体废弃物采用的方法主要有原地处置、堆肥、焚化、开放式垃圾场、卫生掩埋场等。但是，每一种方法都可能造成进一步的或潜在的次生环境污染。如焚化，这是一种将可燃性废弃物高温燃烧（900～1000℃）成灰烬的一种处置方法。这种温度足够烧掉任何可燃性物质，只留下灰烬和不可燃物。然而这并不是完全无污染的方式，其过程会产生空气污染，焚化炉的烟囱会冒出氮、硫的氧化物，会形成酸雨。还有一氧化碳、铅、镉、汞等重金属。焚烧后的有毒灰烬也要尽快送到掩埋场处置，而掩埋场自身也不能做到100%的纯净。卫生掩埋通过工程原理将废弃物围堵在一小块地区，将废弃物体积减小，每天作业完毕在废弃物上覆盖一层密压土，如果需要的话覆土频率可以增加，也就是这层覆土让掩埋场称得上"卫生"。压密的土层都有防止昆虫、动物进出废弃物，隔绝空气，减少地表水进入的功能。卫生掩埋最值得注意的潜在危害是污染地下水或地表水。如果掩埋的废弃物接触到地表渗透下来的水或是侧向移动的地下水通过废弃物就会产生渗滤液，它是携带细菌污染物的矿化液体。掩埋场渗滤液的污染物浓度远比一般污水高得多。

4. 城市化与有害化学废料

科学技术的发达也导致了新的化学合成物质种类的激增。每年约有1000种新的化学物质出现，市面上常见的约有50000种化学物质，这些物质对人体健康具有一定或潜在危害。① 虽然对有害化学废

---

① 黄志强. 苏州市区生活垃圾分类现状及对策研究［D］. 苏州：苏州大学，2014.

料也有相应的处置办法，但是每一种办法都有局限性，同样能产生危害。我们以安全掩埋和深井处置两种方法为例说明。

（1）安全掩埋。

安全掩埋是指将废弃物围堵在一小块地方，内部排水系统把渗出水汇流到集水坑，抽送到废水处理厂进行处理。设计上常常采用多重阻隔，由几层不透水层和滤料构成，加上不透水覆盖层，确保渗滤液不会污染土壤和地下水资源。但是，这种废弃物处置的做法必须设置一些观测井以防渗出水跑出处置系统，污染附近的水资源。但现实是没有真正的安全掩埋，只是渗透范围大小不同而已。因为不透水的塑料衬里、滤料和黏土可能会遭受破坏，排水系统可能会堵塞，产生溢流。妥善选址和安全施工只能是减少污染的程度。好的场址还必须拥有良好的天然阻隔，例如，厚层黏土和沉积堆积层、干燥气候和深的地下水位，以减少渗出水的位移。而且土地处置也只能用在特定的化学物质处置上。地表储蓄就是利用人为开挖或天然洼地来容纳有害的液体废弃物。这种地表储蓄池主要由土壤等地表材料覆上塑料衬里构成，地表储蓄容易渗漏，造成地下水和土壤污染。蒸发也会造成空气污染，从而产生一系列新的环境问题。

（2）深井处置。

深井处置需要深度达到含水层隔水底板以下的岩层，以保证废弃物的灌注不会污染可利用的水源。一般来说，废弃物要灌注到地表下数百或数千公尺的可渗透岩层，上方要有低渗透性、抗破裂的岩层加以围堵，如页岩。深井灌注在处置油田的盐水方面行之有效，可以控制油田的水污染，把随着石油抽出来的大量盐水重新灌注回岩石中。这种方法常见于工业废弃物的永久处置。但工业废弃物的深井处置并不简单，即使地质条件适合深井处置，自然的限制也使得场址与空间都相当有限。而且深井处置液体废弃物会造成次生地震。灌注在岩石裂隙增加的流体压力会导致裂隙位移或断层活动。从固体废弃物的处置来看，清除和处理废弃物是生物学家、化学家和工程师们的职责，但由于分解出来的物质最终归宿是土壤、岩层和水域，因而这正是地质环境学家的工作范畴。

第三节
由人类社会经济活动引发的典型社会环境问题

社会环境是在自然环境基础上，人类长期通过有意识、有目的的社会劳动，加工改造自然物质从而创造的新物质生产体系、积累的物质消费文化、形成的精神生活等构成的环境系统。环境地质学中所讲的社会环境就是由人类社会经济——技术活动引发的对人类生活、健康、文化、精神等方面产生直接影响的环境问题。

一、贫富差距与环境问题

贫富问题实际上是一个生态问题。生态环境恶化会导致贫穷，贫穷又会加速生态环境恶化。我们所说的贫穷除了经济学意义上的贫穷外还包括教育水平低下、技术落后、资源匮乏、发展不平等更为深刻的贫穷。所以就不难理解世界联合国理事会倡导的人与环境和谐共生的理念里为什么包括了对不发达国家和地区的扶贫使命。环境保护与扶贫开发应形成良性互动。

二、城市化引发的典型社会环境问题

城市化过程导致中心区人口密集、交通拥挤、地价房租昂贵、居

住条件差。还会导致失业人口增多、社会秩序混乱、疾病传播迅猛、健康风险、公共安全、贫富不均，以及老龄化、就业压力大、精神颓废等心理健康问题。这些都是社会发展过程中的不稳定因素，一旦矛盾激化，产生的社会负面影响非常巨大（刘晓圆，2014）。

三、食品安全与社会环境

人类处在食物链、生态链顶端。一切由环境问题引发的危害最终可能都经过食物这一环节输送进人体。食品安全可以因自然环境污染产生，如大气污染造成的酸雨和水体污染产生的水俣病。酸雨导致地区水质酸化，有害金属从底泥中溶出，鱼类体内汞含量最终都将转化到人体。水俣病同样是由于水体中汞严重超标引起的最致命的公害病。水中的汞经生物甲基化作用转化为甲基汞。通过鱼、贝类富集，以及人的摄食等食物链传播，导致人体中枢神经患病。食品安全也可能因现代人类的生态道德缺失，或在社会生产、加工、贮存、流通和消费过程中受到有害化学物品的污染，产生食品安全问题。仅以经济生产过程为例，农药双对氯苯基三氯乙烷（DDT）通过在谷物上的富集，转化给食谷物的鸟体内，进而转化给食肉类猛禽。在食肉类猛禽体内，DDT 的浓度会大幅度上升，这最终也会进入人体内（王晓莉，2015）。

四、城市垃圾污染问题

城市垃圾污染问题主要是指城市固体废弃物造成的污染。固体废弃物对城市环境的影响是长久而深远的。以生活中的废弃物为例，在自然界的降解时间如下：烟头 1～5 年、尼龙织物 30～40 年、易拉罐 80～100 年、羊毛织物 1～5 年、皮革 50 年、塑料 100～200 年、玻璃 1000 年（黄志强，2014）①。这些垃圾绝大部分露天堆放，影响城市风貌，污染大气、水体和土壤，对城市居民健康造成的危害更是长久且深远。

五、噪声污染与光污染

研究表明，长期工作与生活在 90 分贝以上的噪声环境中，会导致听力严重下降并引发多种疾病。噪声像毒雾一样弥漫在人们周围，导致人们的听力出现严重的疾病。尤其在城市与工业区里，噪声已被认为是一大公害。城市是光污染的集中区，城市建筑物的玻璃墙、釉面砖墙、大理石以及各种涂料等在太阳光照射强烈时都会反射光线，明亮晃眼，会对人的视觉神经、交感神经刺激很大，直接影响中枢神经，使人感到烦躁不安和困倦，甚至产生更严重的身体、心理病变。

六、热辐射污染

19 世纪初，英国气候学家卢克·霍华德在《伦敦的气候》一书中首次使用了"热岛效应"的气候特征概念。由于城市人口集中，交通堵塞、工业发达、大气污染严重，且建筑多为钢筋混凝土。它们热容量低、热传导率高，加上建筑物本身对风的阻挡或减弱作用导致城市中心的气温普遍高于周边乡村（杨立稳，2015）。这有别于之前因人类改变蒸发降雨模式产生的城市热岛效应。

七、过度消费

20 世纪初，纽约世界观察研究所资源研究员艾伦·杜宁出版了

---

① 陈余道，蒋亚萍，朱银红. 环境地质学［M］. 北京：冶金工业出版社，2011.

《多少算够：消费社会与地球的未来》一书。杜宁在书中指出，为了满足无穷尽的消费欲望，我们付出了惨重的环境代价，尤其是批判了"不消费就衰退"的神话（艾伦·杜宁，1997）。消费是社会生产的目的，人们通过消费产品维持生存与发展，同时向环境排放废弃物。消费也是社会再生产的重要环节，对生产有反作用，制约、引导生产发展。从某种意义上说，人对环境的作用正是通过消费实现的，消费不仅涉及人与人，而且涉及人与自然的关系。关于这一点可以从两个方面理解：首先，消费主义造成人与自然的对立。消费主义是 20 世纪 70 年代在西方发达国家兴起的一种价值观念和生活方式，其突出特点是不断追求难以彻底满足的欲望。正如丹尼尔·贝尔所说："资产阶级社会与众不同的特征是它所要满足的不是需求，而是欲求。欲求超过了生理本能，进入心理层次，因而它是无限的要求。"① 这种消费主义对生态环境的负面影响便随之出现。（1）消费主义的生活方式造成了资源的巨大消耗和浪费。高消费的生活方式是以资源的大量消耗为支撑的。技术的进步可以提高资源利用率、延长资源的耗尽时间，但却抵挡不住消费欲望和消费水平的不断提高，地球迟早会出现资源耗尽的那一天。（2）高消费的生活方式严重污染了生态环境。高消费需要高能耗支撑，消费越多，生产越多；资源耗费越多，排放的废气、废物就越多。（3）高消费的生活方式造成生物多样性受损。首先，在利润的驱动下，人们往往只关心那些给人类带来福利的物种，而听任其他物种在人类的工业活动中毁灭。当我们看到象牙、犀牛角、驼绒、沙图什披肩等作为象征身份、地位、财富的饰品流行于上层社会时，其背后就是"虎死于皮，鹿死于角"的惨剧

---

① ［美］艾伦·杜宁. 多少算够：消费社会与地球的未来［M］. 毕聿，译. 吉林：吉林人民出版社，1997.

（郑丽江，2009）。其次，消费主义造成消费异化。消费异化即人的消费行为不利于人的全面发展，消费不能给人带来真正的幸福，它是一种畸形消费。主要表现为堕落型消费、符号型消费和浪费型消费。

　　本章系统归纳并分析了当前人类面临的主要地质环境问题及与人类社会经济活动的密切关系。可以看出无论是自然环境还是社会环境，人类对他们的影响和改变都是巨大的，而改变的最终结果都直接威胁到人类自身的健康、安全与发展。但是面对环境危机，我们不能悲观消沉，而应对危机的出现有一个理性的认知。事实上，环境危机并非我们这个时代造就的，其背后是一个发生、发展与演化的动态过程，有着内在的动力机制。只有历史地、辩证地认识人类文明活动与环境之间的关系，才能更深刻地理解人类历史发展进程中存在的问题和当前面临的紧迫局面，也才能更好地领会生态文明建设之于人类未来可持续发展的重大意义。本书的第五章便从历史发生的角度来回溯人类文明与地质环境关系演变的漫长过程，并对其进行发生学分析。

人类活动对地质环境影响的
历史演变与关系分析

从历史发展的角度看，人类史就是一部人与环境相互作用演化的文明史。自人类诞生之时便与地球环境发生着密切联系，这种联系与互动在广度和深度上都在不断扩大。我们今天所说的环境危机实际上是人类在漫长的历史活动中与地质环境相互作用下逐渐演化而成的，也是人类文明发展的历史长河中必然的、阶段性的表现。伴随这一过程的是人类对环境认知观念的转变，即人类的生态伦理观演变。本章将采用发生学方法，通过回溯历史上人类活动与地质环境相互作用的动态过程，按照文明发展的进程划分出二者关系演化的阶段性起点和终点（历史的阶段性起点和终点不是一个确定概念，是相对的、互换的。一个阶段的起点则是另一个阶段的终点，起点同时也是终点）。找出每一阶段中二者关系发生的本质的、必然的因素，以及相应的人类对环境的认知态度，以便更好地理解生态文明时代的历史必然，从而在具体的社会实践中能够采取真正切实有效的措施在改造客观世界的同时积极改善和优化人与环境的关系，指引人类逐渐走向可持续的生态文明发展之路。

第一节
原始文明对地质环境的影响与关系分析

原始社会是人类产生之后建立的第一个社会共同体，经历了300多万年，这一阶段形成的文明也称采集狩猎文明。为了更好地理解人类起源与环境演变的关系，需要先对第四纪地质环境特征进行交代。第四纪（quaternary）是地球历史发展中距今最近的一个世纪且时间短暂。根据多数第四纪地质学家的观点，第四纪指距今260万年（2.60Ma）以来的地球历史时期。在地球演化的历史中，第四纪虽然短暂却与人类的关系非常密切（见图5.1）。在这一时期，不仅人类得到快速进化成为地球上迄今为止最为高等和智慧的动物，而且发生了很多重要的地质事件：如气候变迁、海平面波动、植被更替、火山喷发、青藏高原快速隆升等。这些事件都对我们赖以生存的环境和资源产生了深刻影响。第四纪也是地球历史中一个环境极不稳定的时期。与新近纪相比，第四纪不仅有明显降温，而且干湿、冷暖气候频繁交替，有一定的变化周期。这种周期性的重要表现就是冰期与间冰期、雨期与间雨期交替出现。一次冰期与一次间冰期组成一个气候回旋。

第一，冰期与间冰期。冰期、间冰期主要依据冰川活动进行划分，比较适合中、高纬度地区。冰期是第四纪时期的一次气候寒冷阶段，全球普遍降温，冰川面积扩大。冰期主要的气候环境特征表现在以下6个方面：（1）冰川持续扩展。冰期时，高纬度冰川向低

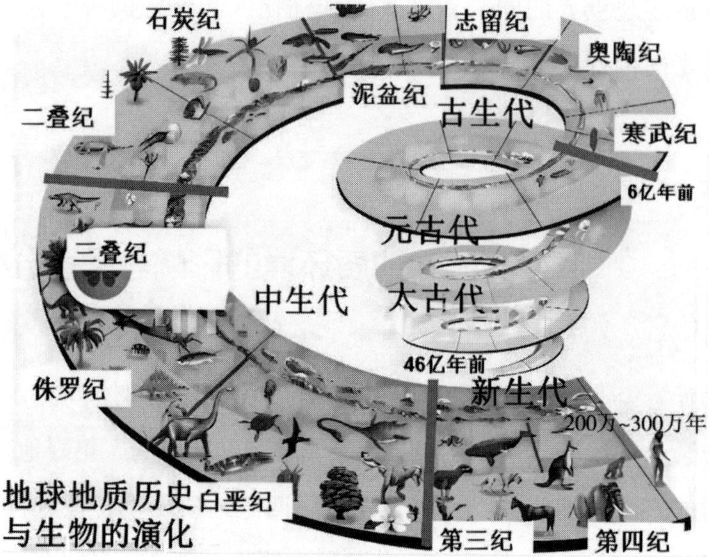

图 5.1 地球地质历史与生物演化

资料来源：广州博物馆. 地球历史与生命演化［M］. 上海：上海古籍出版社，2006.

纬度推进，高山冰川向低海拔扩展，陆地冰川比温暖时期扩大几倍。冰川的发育提高了地面的反照率，使冰川区气温进一步降低，气候变得干冷。在一次冰期中，冰川不断向前推进，前缘到达最远或海拔最低处便逐渐停止下来，这时称为盛冰期。（2）生物大规模迁移。由于冰川推进和气候变冷，生物发生大规模迁移。生物从高纬度向低纬度地区迁移，从高海拔向低海拔迁移。在中纬度地区，冰期时草原植被扩展，森林植被萎缩，间冰期时情况正好相反。（3）全球降温。冰川发育的一个首要条件就是气候变冷。在冰期，全球年平均气温比现在低 5～7℃，以中纬度地区降温最为显著。在末次盛冰期，北大西洋表层水温约下降了 12～18℃，西太平洋下降了 10℃。（4）降雨量发生改变。在中、高纬度地区降雨减少，降雨量比如今减少了 14%，蒸发量也减少了 15%。中国黄土高原降雨量比如今减少了约 50%。（5）气候带移动。因全球降温引起气候带在纬度和高度上的迁移。在末次冰期，欧洲冰盖南界从77°N南移到55°N，北美的冰盖也推进到38°N，从而使苔原带由69°N移至45°N，雪线也大幅下移。在末次冰期，青藏高原的雪线下降值为900~1500米。（6）海平面下降。第四纪冰期可引起海平面下降，但每次下降的值都不相同。在最后两次冰期即里斯冰期和末次冰期，海平面下降值最大，最低可达现今海平面以下的130~150米。较之冰期，间冰期是第四纪时期气候相对温暖的阶段，处在两个冰期之间。间冰期持续的时间比冰期长，第四纪大部分时间处在间冰期。间冰期的表现和冰期刚好相反，表现为冰川退缩或消融、生物向北迁移、全球升温、降雨量增加、气候带北移、海平面回升。

第二，干旱期与湿润期。以降水量（或干燥度）为指标，主要集中在中纬度地区。干旱期，指在冰期冰川扩展，极低冷高压反气旋向中、低纬度移动，雨带南移，冬季风加强，使中、低纬度地区气候变得干冷，降雨减少的时期。在这一地区发生了一系列的生态响应，如湖泊萎缩或咸化、盐类和碳酸盐类沉积增加、水位降低、沙漠扩展、森林减少、草原扩大。湿润期，指两个干旱期之间降雨相对增多，气候湿润的时期。当高纬度处在间冰期，冰川后退，冷高压反气旋往极地移动，夏季风加强，降雨带北移，在中、低纬度地区降雨增多，气候变湿变暖。此时，湖泊扩张、水位升高、水体淡化、沙漠萎缩，黄土堆积速率降低或停止发育，古土壤、森林扩大。

第三，雨期与间雨期。雨期是指在15°N~30°N的地区，当高纬度地区处在冰期时，冷高压反气旋南移，造成该地区降雨增多的时期。因此，该区在这个时期湖面上升、水体淡化、沙漠收缩。间雨期，是指同处在西风带地区，位于两个雨期之间的降雨减少的时期。

当高纬度地区处于间冰期时，冷高压反气旋北移，而湿润的西风气旋北撤，上述地区又被副热带高压控制，降雨减少、气候干旱，出现湖面下降、沙漠扩展。

冰期与间冰期、干旱期与湿润期、雨期与间雨期是气候变迁中不同地区的生态响应，这些响应是以扩大或缩小微环境的形式表现出来的。例如，在间隔期，热带森林、热带大草原和沙漠扩大或缩小，这些彼此隔离的环境成了生物进化的摇篮。而气候的变化迫使物种生存重新分布，分散成为物种进化的早期形式，其中就包括了人类祖先（Bond G. et al., 1993）。本书将采用生态互相依存的写作逻辑来阐述人类的出现及早期活动与地质环境变化的关系（见表5.1）。

表5.1　　　冰期与间冰期、干旱期与湿润期、雨期与间雨期对比

气候期	冰川作用区	中、低纬度地区	15°N~30°N	中国
冷期	冰期	干旱期	雨期	寒冷、干旱（冬季）
暖期	间冰期	湿润期	间雨期	温暖、湿润（夏季）

资料来源：曹伯勋. 地貌学及第四纪地质学 [M]. 武汉：中国地质大学出版社，1994.

一、气候环境变化与人类的出现

地球和生命是共同演化的。地质进程塑造了地球，地球不断变化的地质活动与演变的生命模式相辅相成。环境历史学家弗莱德·斯派尔指出："板块构造在推动生物进化方面（包括人类进化）可能起到了主导作用……地球陆地位置的不断变化导致洋流的不断改变，这种改变对全球气候的影响是巨大的。"[①] 冰河气候循环导致林地及

——————————
① ［荷］弗雷德·斯派尔. 大历史与人类的未来 [M]. 北京：中信出版社出版，2019.

热带雨林扩大或缩小，逐渐产生了彼此孤立的微环境（见表5.1）。在这个环境系统中种类繁多的哺乳动物、鸟类和昆虫群落生息繁衍。火山大爆发和板块的分裂导致了大量同种的植物和哺乳动物被进一步分割、孤立。为了繁衍生息，动植物们必须为适应新环境系统而改变自己的习性，逐渐导致了更为多样化的地方性物种群落以及新物种的出现，随之演变出了新的防御、进攻能力，并将这些生存基因永续相传。在这种情况下，进化的机会性过程导致了通过物种选择和基因突变快速分化成为全新的物种，人类也毫不例外地进行着自然选择的进化模式（Peter B. et al.，1995）。由于这部分内容涉及的地质环境历史体系极为庞大，以下仅通过举例说明气候变化与人类祖先发展进化的内在关联。

（一）非洲大陆气候变化与人类进化的关系

在气候对人类进化的影响作用中，非洲大陆的气候变化是中外学者长期研究的重点。距今6500万年前的始新世晚期，印度板块与亚欧板块相撞，导致了剧烈的地壳构造运动，使喜马拉雅地区全部露出海面，而位于北方劳亚古陆和南方冈瓦纳古陆间长期存在的古特提斯海域消失。这一古海域的消失使大批物种第一次在非洲东北部、阿拉伯、土耳其和伊朗迁徙。由于这些地区气候变得干燥凉爽，热带森林面积缩减，热带草原物种进化加速，包括牛科、长颈鹿、鸵鸟和几种灵长类动物，他们的活动致使热带草原面积逐渐扩大。

第四纪冰河时代的反复出现导致了南极洲冰盖的扩张和全球海平面的下降。当广大的南极冰层生成时周围海域海水变冷，本格拉洋流从北冰洋向北流向西海岸时变得更为寒冷。由于低温盐水比温暖盐水蒸发慢，大气中的水蒸气水平下降，使西非和中非大部分地区降雨量减少。因此，需要被雨水滋润的热带雨林缩减，取而代之的是广阔的热带大草原。这加剧了已有物种对栖息地、食物和饮水的需求与竞争。热带草原的不断发展有助于解释为何非洲能通过形成多样性物种而成为人类祖先进化的最佳大陆。

地质学和考古学研究表明，人类大约在地质时期的400万年前后出现，东非高原的隆升使全球范围大幅度降温。表现在北大西洋出现了冰筏屑沉积，海平面下降近40米，黄土高原碳4植物明显扩张，东非和巴基斯坦到云南地区从原来炎热湿润的气候变成干旱和凉爽的气候。这种气候条件下森林植被进一步缩减并分解为一块块复杂的微型草原，这适合各类食草迁徙动物和灵长类动物生存。草原系统的扩大对习惯于森林环境的古猿产生了重大影响，他们被迫离开森林走向草原。这种生活环境的改变意味着他们的生活方式也要发生变化。大约在250万年前，在古猿从树上来到地面走向草原的过程中，两足取代了四肢，迈出了人类进化的第一步。

地中海的闭合在人类进化、环境、气候方面同样有着深远影响。随着全球气候持续变冷，越来越多的海水被冻在扩展中的南极冰层中，全球海平面进一步下降，降雨量进一步减少，进而减少了大西洋海水进入地中海的流量。海平面继续下降，直到直布罗陀海峡中的岩层过高，阻挡了涌入地中海的海水。没有了源源不断的海水，地中海的蒸发将该地区变为一个巨大的干旱盐碱沙漠，封存了世界上6%的海盐。海水含盐量低又加速了海水冻结，扩大了南极冰盖和北极冰川，这一切直接导致了全球气温快速下降。在600万年前，寒冷干燥的气候延续了至少100万年，扩大了沙漠地貌，使非洲原本湿润茂密的热带雨林面积逐渐缩小，干燥的东非大草原进一步扩大。人类祖先被迫后退并被禁锢于次撒哈拉非洲地区一块块分散的热带环境中，直立人开始了向独立物种漫长的进化之路（E. S. Vrba et al.，1995）。

（二）非洲大陆气候变化与人类智慧增长及迁徙的关系

原始人最初因为智慧而适应环境，增进他们智慧的环境压力也极为巨大。进化中的每一次改变都使原始人具备了在恶劣气候下的生存能力，人类的智力水平也随之提高。现代技术测量出东非猿人及其后代的脑容量在不断增大，已达到了 700～800 毫升（Cathy M. et al.，2004）。直立行走使原始人区别于其他灵长类动物，而智慧的获得又使人类祖先区别于其他原始人。早期人类的认知能力包括语言习得能力和制造工具的能力。发现于埃塞俄比亚裂谷中的东非猿人早期使用的劳动工具包括石斧、打火石、石镰和锋利的石头。这些原始技术距今已有 250 万年的历史，一些学者将东非猿人的进化视为人类进化进程中的第二次飞跃（Katherine Milton，1987）。

人类向与智慧更相关的行为的转化过程大约持续了成百上千代。更大的脑容量表明人类具有使用简单指令和表述而非手势来进行理解和交流的能力，推动人类认知和社会网络的发展。不断从环境中学习并将知识储存在大脑皮层，当遇到类似生活问题时，通过回忆已存储的信息并处理其和新信息的关系，应对外界环境引发的问题，这一过程就推动了人类认知能力的不断提升。不仅如此，将知识复制并使其代代相传，子孙后代都能了解演变中的环境特征，掌握适应环境的生存方式，这种自然选择推动人类持续进化并向世界各地迁移。

大约中新世晚期（距今 600 万～500 万年），古特提斯海完全干涸，人类无须跨越大面积水域就能走出非洲，迁徙进入南欧和西非。

此外，地质时期的大陆板块运动推动了非洲板块向欧洲和西亚挤压，由此产生了阿尔卑斯山以及围绕着现代土耳其和伊朗的山脉。挤压的力量减少了三大板块之间的距离，使人类祖先沿着一条东线而非西线走出非洲。更新世冰期跨越红海南端的一座陆桥将东非和沙特阿拉伯连接起来，这使原始人可以移民进入亚洲西南部。110万年前，亚洲已经遍布了很多古人类定居的据点。人类学家认为不少于3次走出非洲的移民潮：第一次前往中东，第二次到达亚洲，第三次到达欧洲。人类的祖先智人后来再一次踏上这些大陆并进入澳大利亚、美洲以及遥远的太平洋诸岛（Misia Landau，1991）。

（三）非洲大陆气候变化与人类祖先的出现

考古学家、人类学家和地质学家共同研究了位于西班牙北部的西玛德罗斯赫索斯地区发现的30具骸骨后得出以下结论：早期直立人种和晚期海德堡人种以及尼安德特人同时生活在欧洲类似的栖息地。但是脑容量更大、肢体更强壮的尼安德特人适应了气候变化，淘汰了其他不适应更新世时期欧洲严寒气候的人种，并在25万年前成功在欧洲占据了统治地位。然而4万年前智人从西亚进入欧洲，自然竞争的加剧与冰川气候的恶化交织了数千年，在这段时间里智人凭借更为发达的智力和强大的生存能力，最终取代了尼安德特人（Katerina Harvatietal，2004）。大量人类学和考古学证据表明，智人行为方式上的巨大变化是取代尼安德特人的关键，这些变化发生在距今4万~2万年前，也是恶化的冰川气候遍布欧洲的时期。

被称为人类旧石器时代伟大艺术品的维纳斯小像在中欧和东欧大陆采集狩猎的人类遗址中普遍发现，时间距今2.3万~2.1万年，这同样能证明环境变化与人类祖先出现的关系。因为如果没有雕像这样的人类艺术品所象征的社会联盟出现，人类祖先就不可能打败强劲的对手，占据这片区域，继续完成进化。关于这个观点我们依然要回到当时人类的活动方式与生存环境中理解。大量考古学发现，在早期智人的洞穴里刻画着栩栩如生的壁画，用象牙雕刻、复制动物的形态，这标志着智人群体中出现了普遍的艺术形式（Daniel E. Lieberman et al.，2002）。衣服遮体、居有定所、狩猎工具提升，使智人在简陋、危险和不可预测的环境下改善了生活条件，并在同伴、亲属、贸易伙伴中发展了人际交往（O. Soffer et al.，2000）。这种进步的社会关系网络可以削弱冰河时期恶劣的气候环境带来的不良影响。当气候状况在 1.8 万年前到达冰河时期的最大化时，广泛分布但是有聚合性的居住地出现了，人类祖先开始过着更加有组织、有结构的社会生活，这样能在漫长的气候压力中支持他们在定居生活中持续得更久。相比之下，尼安德特人的灭亡和冰河时期最后一次大扩张同时发生，反映了尼安德特人不能发展出有凝聚力的社会联盟，无法依靠有组织的社会生活抵御环境压力。所以，在距今 3 万年前，伴随着冰层延展的寒冰期，智人取代了尼安德特人，作为单独的人属物种成为人类的祖先。

婚姻方面，在距今 1.5 万年前，智人穿越白令大陆桥到达北美，在彼此关联的大型居住群体间往来，互通有无增加了他们的生存概率。为了免于再一次遭受因环境巨变带来人口灭绝的厄运，这些新的聚居群体需要保持 175～500 人的交配范围，通过这样的方式扩大了人口数量、提升了人口素质，这在智人转变为解剖学意义上的现代人发挥了重要作用（Jerry Bentley，1990）。

以上仅通过举例说明作为早期地球上生命体之一的人类及人类意识都是自然界的产物，是环境变化导致的自然选择的进化模式，是自然创造了人类，而非人类创造了自然（见图 5.2）。

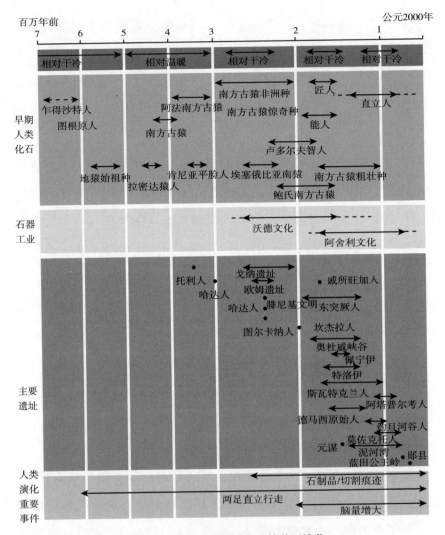

图5.2 早期人类活动与环境关系演化

资料来源：李萧莉．环境演变背景下的早期人类起源与演化［J］．化石，2014（1）：39-43．

二、原始文明时期人类社会经济活动与环境的关系分析

（一）采集狩猎对环境的影响

原始社会主要的经济活动就是采集狩猎，最初这种经济活动对

地表的破坏力并不大。但自从原始人学会用火，刀耕火种的生产方式直接导致土地大范围荒芜和森林的破坏。此时人类的认知水平还达不到与自然和谐相处。

（二）人口迁移对生物多样性的影响

大型动物的灭绝是与早期人类迁徙和定居生活同时发生的。1.2万年前，智人从北美最北端的阿拉斯加极寒地一路疯狂猎杀到了南美最南端的阿根廷火地岛，使北美47个属灭绝了34个，南美60个属灭绝了50个。猛犸象、乳齿象、大地懒、拟狮，这些猛兽的尖牙利爪在人类祖先面前没有任何意义。世界其他地区的大型动物都相继灭绝，如距今5万年前的澳大利亚、1.3万年前的南美洲、距今6000年前的加勒比海岛、大约公元1200年的马达加斯加地区、新西兰和其他包括夏威夷在内的太平洋诸岛[①]。仅两千年的时间里，人类取代了其他物种成为自然界中分布最广的物种。

（三）人类活动对环境的影响

虽然早期过度猎杀巨型动物和大规模采集狩猎的经济生活对环境造成了影响，但这个规模的人口却留下了微弱的环境足迹。采集渔猎活动对其对象的自然生长产生影响，甚至会使一个地区的渔猎资源告罄，但是大自然会以不可抗拒的强制力迫使原始人改变自己的生存活动或迁徙到另一个地区。即使部分环境出现问题，地表的自我恢复能力依然较强。此时人类对环境的能动性有限，人与自然的关系还是一种单向的依附关系。在这种关系中，人类和其他动物一样凭借

---

① 袁硕."你若知道人类祖先有多残忍，你就明白现在人类有多孤独"［EB/OL］. 一席, 2017 - 03 - 06.

自己的生存技能在自然界既成的生态链条上占有一席之地，是大自然庞大生态系统中的一分子，完全融入自然界中。正如马克思在谈到原始人类和环境的关系时说："自然界起初是作为一种完全异己的、有无限威力和不可遏制的力量与人们对立的。人们同自然的关系就像动物同自然的关系，慑服于自然，是对自然的一种纯粹的动物式意识"①。此时人类利用的还仅是地球的表层空间，生活资料和生产工具几乎都是自然界的直接产出，没有进行实质性的创造劳动。对资源需求有限，主要是对森林和土地的利用有限。人与自然的矛盾主要表现在自然界对人的压迫：灾害频繁且不可控。人类在环境允许的范围内艰难地维持群体的生存与繁衍。然而，随着人类智慧的增长、活动能力的提高，原始经济向农业生产过渡，环境破坏和生态位移开始变得明显。

三、原始文明的自然观——敬畏自然

原始社会是一个没有文字的时代，但透过原始图腾和神话传说依然可以追寻到原始人的自然观足迹。原始社会的物质生活基本在自然界所能提供的前提下进行，原始人的精神世界里充满了对自然的敬畏。迄今所知的作为人类最早的文化现象——图腾就是原始人对自然物的崇拜，也是人类最早的实践与观念的反映。以中国的图腾文化为例，经历了从部落图腾到图腾神的发展。所谓部落图腾是本意上的图腾，即古代原始部落迷信某种自然物或有血缘关系的亲属、祖先、保护神等，用来做本氏族的徽号或象征（孙冰，2018）。图腾神

---

① Robert B. Marks. The Origins of the Modern World：A Global and Ecological Narrative ［M］. New York：Rowan and Littlefield，2002.

是指由于对图腾的崇拜，人们不断地将最初的自然物图腾完善成为非自然的神物图腾，并将它视为神本身。正如我们华夏民族融合过程中，众多部落图腾最终统一成为龙凤图腾，一直沿袭至今。焦国成（1991）认为：龙图腾，既表现了众氏族历史融合的过程，也表现了古人曾尊众多动物为神的历史真相。图腾崇拜是原始人对生存环境的观念反映。由于在原始思维下人们还不能把意向性内容与其形式划分开来，使原始人不可避免地用表象的方式即图腾来表示血缘的同一性，表达某种自然物与自己之间的某种关系。他们甚至不惜改变口、唇、鼻、耳朵、头型的自然形状以表示对图腾血缘的认同，并努力使个体同化于血缘共同体（孟令法，2013）。在皮亚杰（1997）的《发生认识论原理》中，通过实证观察也证明了即使在现代思维条件下，每个人在其童年时代还保留着图腾式的原始思维残迹。图腾崇拜反映了人类祖先对生命的敬畏之情，并以对自然力量的超自然崇拜的形式表现出来。

图腾之后是神话。"自然"作为最早思维表现的主题是在人类的远古神话中，神话是人性与自然的最初交融。当人类从森林中走出来，虽说已经较其他生物具备了使用劳动工具的双手、使用精神符号的语言，但依然匍匐在大地上，与自然环境的原生态血脉相连。中国的远古神话中几乎所有的神灵都是半人半兽的形象。盘古龙首蛇身，女娲人面蛇身，西王母"豹尾虎齿、披发带盔"，炎帝长着一颗牛头，大禹化身一只熊，舜的神话形体是"重明鸟"。似乎神性是人性和兽性的结合，人要借助于兽性才能成为神，动物也因为拥有人性而获得神的灵性。这些表明人与自然在感性上处于相对、相依、相存的期待中。

自然崇拜作为早期人类与环境交感的仪式性活动就是人与环境关系的矛盾冲突的产物。一方面，人类对伟大的自然力量十分依赖；

另一方面，又对自然界的运动规律无从解释与把握，面对自然灾害无可奈何时就以某种顶礼膜拜的仪式寄托某种朴素的愿望。自然崇拜也表明自然界是原始社会生产力的主要因素，对人类有着重要的经济意义。人类为了生存既要依附自然，又要与之斗争并进行保护。这不仅表现为一种信仰，而且表现出人们对待生命的一种态度，它对保护环境发挥了重要的作用。

如果说动物是通过大自然本身所具有的自组织和自调适功能来适应环境，那么人与动物的不同就在于人类超越了自发的、自然的自组织与自调试功能，并把这种功能转化为一种自觉的意识行为，进行有计划的自组织与调适。尽管无从考证，但从新石器时代的氏族村落、造舟捕鱼和驯养动物来看，原始人通过有意识的活动来适应自然和保护资源，而且通过一定的制度对其加以保障。据史料记载，在原始部落虞舜时，正式确立了九官之制，掌管山林原野。因此，总体来说在原始文明时期生态问题还没有成为一个严重的社会问题，因而在本书中也没有独立出来进行探讨（李民和王健，2016）（见表5.2）。

表5.2 **原始文明的形态和特点**

时间	公元前170万年~公元前21世纪
空间尺度	个体或部落
人文特质	淳朴
能源利用	蓄力、风力、人工取火
资源开发	人类开发自然资源能力低；人力资源短缺；自然资源相对富足；智力资源有待开发
技术结构	原始技术、手工制造（石器、骨器、木器、陶器、弓箭）
生产方式	采集渔猎为主，末期转向原始农业
产业结构	第一产业（采集、狩猎）
社会推动力	体能＋本能

续表

经济水平	融入天然食物链
人口增长率	低
身体素质	身材矮小、脑容量小
认知能力	认知能力低下，进步缓慢
认知结构	主客未分。此时人类这个主体尚未完全从客体中分离，是两者混为一体的混沌阶段。同时人的个体意识并未区分开，必须依赖集体的力量才能生存
系统识别	点状识别
消费标志	满足个体生存需要
人口流动性	不流动
教育	蒙昧状态
社会形态	组织度低
环境问题	森林、土地、自然灾害、猛兽与疾病
环境响应	无污染
自然观	图腾崇拜与自然神崇拜
环境伦理思想	崇拜自然、敬畏自然
人与环境的关系	属于生态系统内部的关系，经济的发展与环境的变化处于一种低水平的自我协调中，人与自然处于原始共生阶段

资料来源：笔者自行归纳整理所得。

第二节

农业文明对地质环境的影响与关系分析

大约距今一万年前出现了人类文明的第一个重大转折——原始文明进入农业文明，即地球上末次冰期结束，地质史上进入全新世时代。人类生存方式出现了革命性转变，即从单纯地依赖采集渔猎经济向以经营农业、畜牧业为主的生产型经济转变。与原始文明相比，农业文明存在的时间要短得多，但所创造的辉煌是原始文明无法比拟的。这一时期一个个文明帝国留下了光辉灿烂的历史篇章。其在政治、经济、文化等领域保留的丰富遗产至今源源不断地滋养着我们。

原始农业和畜牧业的产生是人类进入农业社会的开始。世界各国进入农业社会的时间不尽相同，中国的定居农业大约起源于 8000 年前①。以农耕畜牧为主的农业生产方式创造了人类光辉灿烂的农业文明。人类与环境的关系进一步加强，处于初步的、暂时的平衡状态。人类学家阿尔夫·霍恩伯格指出："为了农业生产，改善土地是所有大洲在前工业化社会中资本积累的主要方式，也是人类数千年来改变自然最为实在的方式之一。"② 随着人类生态脚步的进一步扩展和深化，对生态系统构成的压力也与日俱增，主要是对森林、土地、淡水资源及野生动植物的影响。以下就从多个角度说明农业文明时期人类社会经济活动与环境的相互作用关系。

一、气候变化与定居农业的出现

从渔猎采集的生产方式过渡到以农耕畜牧为主的生产方式可以被描述为一种智人无法掌控的环境系统的变化。弗莱德·斯派尔（Fred Spier, 1996）说："气候是促成农业体系出现的全球因素中的首要因素。"③ 在冰河更新世晚期，干燥不利的气候抑制了人类文明向农业模式的转变。大气中的二氧化碳浓度很低，这给植物生长带来了压力，而且在 150 年内气候在温室状态和冰河状态之间交替变化。全球气候在更新世晚期的不稳定性使一些独立的小规模人群扩展了狩猎和觅食活动的范围。同时伴随发生的经济现象有狩猎、食物加

① 焦国成. 中国古代人我关系论 [M]. 北京：中国人民大学出版社，1991.
② ［美］阿尔夫·霍恩伯格. 人类地质学对"人类世"叙事的批评：2014 改变发展模式应对"人类世"生态危机 [N]. 中国社会科学报，2015，726.
③ ［荷］弗雷德·斯派尔. 大历史与人类的未来 [M]. 北京：中信出版社，2019.

工、食物储藏等技术的进步和人类居住空间的日益复杂化。这段时期被考古学家命名为"广谱革命"（时间2.3万年前后，即末次冰期最盛期来临之前）。之后一种逐渐变暖的气候为农业和人类定居创造了条件。科学家假设大规模海洋冰层消退以及北大西洋附近的冰山减少导致了距今1.45万~1.29万年前气候暖化的趋势。日渐变暖的气候和不断更新的降雨量为更新世后期的人们提供了丰富的农作物。这些农作物在成长过程中摄取了足够的太阳能，随饮食进入人体，进而转变为人口增加。正如历史学家罗伯特·马克思（Robert B. Marks，2002）所说，在旧有的生态系统中，农业是人类改变环境的基本途径，是将一种生态系统转变为另一种生态系统，该生态系统能够更为高效地给人们提供食物能量。气候长期暖化趋势的中断以及被称为"新仙女木"时期（末次冰消期持续升温过程中的一次突然降温的典型非轨道事件，科学假说是彗星撞击地球导致的气温下降）的回归，全球进入极冷期。新仙女木时期的冰川快速扩张表现在北欧的花粉记录中首次被发现。扩张导致了桦树和松树林消退，冻原植物被取代。这些变化中的植被区以及植被生长期降雨量减少，迫使深陷不稳定气候变化中的人类产生适应性反应，人类外出觅食的活动趋于减少，转而投入劳动密集型的开荒种地活动中，这就促进了人类快速小规模的定居。可以说新仙女木期寒冷的生活条件是对野生植物进行家庭种植的主要诱因。随着新仙女木期的结束和冰层融化，富含养料的土壤再次裸露出来，大量可以利用的河流、湖泊和溪水加速了人类农业文明的进程。农耕伴随着早期小规模的手工制造业主宰着此时生产力的发展。人类经济社会中呈现出来的人口不断增长和早期城市萌芽是这种气候变化中较为显著的表现。温暖的气候进一步推动种植业的发展和农耕社会的形成。全新世的大部分时间里，二氧化碳浓度与冰川时代相比仍然居于高位。而稳定的二氧化碳浓度足以推动人类社会向种植业和农业过渡。温度的上升延长了种植季节，丰富的野生植物吸引着觅食者，一旦人类储存了丰富的食物，他们便会安顿下来减少迁徙。种植季节越长，他们定居在该地的时间越长。定居也进一步促进了劳动分工，劳动工具日益精湛细化。根据共同进化的原则，驯养野生植物、农耕技术的进步以及人口密度增加，自然提升了植物产量。人类和植物之间的生态互动是了解人类从觅食过渡到农耕的关键。史蒂夫·米森在《后冰河时期：全球人类史》一书中详细介绍了野生谷物的自然生长周期是如何被人类干预的。而早期农业时期，人类干预的最重要的结果是单一植物的基因突变，将野生谷物转变为人类养殖的品种（Steven Mithen，2004；Ackermanan & Cheverud，2004）。可见，在数千年前从狩猎采集向农耕文明转变的过程中，人类就初步掌握了食物基因的改变技术。

二、早期农业生产方式对环境的认识与利用

从北京山顶洞人开始，人类就已经使用火来改善猎物的口味和营养价值了，还知道通过燃烧地表植物用新生成的灰烬给土地添加肥力，促进了作为动物饲料和人们食物的新作物的生长，而且燃烧后的土地不再阻挡狩猎者的视程。这一过程的复杂性以及人类可以控制火这一关键技术无疑改善了人类居住的环境，教会了迁徙部落在一个明确规定的区域内狩猎。数千年来，狩猎者通过烧荒定期改变着区域地貌，定居和游牧这两种经济生活方式彼此竞争，最终农耕经济取代了狩猎和采集的游牧经济形态。

定居生活方式的开始是人类进化过程的一部分。随着觅食采集者的活动减少，人口有所增加，食物采集和耕种变得越来越专业化。更新世为期漫长而又持久的人口迁移及人口调整结束了，随之而来

的是大型且少有迁徙的复杂聚居群落，但也会发生人口的迁移行为。新石器时代早期人类向前推进和农业扩张的过程，开荒毁林破坏了水域、河流和溪流区域的自然生态系统。伴随着水土流失，土地裸露在多变的气候条件下，当地的微环境也在不断发生改变。事实上，地球表面随着人类每次迁移都会发生极大的转变。以下具体说明农业文明时期人类主要的生产经济活动是如何影响环境的。

（一）城市的兴起与环境压力出现

城市化起源于冰川时代的人类聚集地，距今大约 3 万 ~ 1.2 万年前。人们聚集在这些地区举行季节性仪式，进行贸易和物物交换，联络感情，增进友谊，建立公共关系网。这些地区逐渐成为商贸活动中心，进而发展为村庄，最终演变为城镇。6000 年前，人们建立了第一座城市——美索不达米亚宜居的河岸地区。城市的出现标志着现代文明新纪元的开始（Ivan Light，1983）。

从环境角度讲，城市发展之初既明显改变了人与自然的关系。城市意味着提供人类生存的基本物质需要，如食品、衣服、生活耐用品、燃料、交通、商业活动和社会生产等。所有这些都会产生垃圾，这些垃圾最终成为各种病菌的孵化器。按照城市和环境历史学家约尔·塔的说法："每座城市，无论是现代化的还是正在走向现代化的，都是在寻找终级排污渠道。"① 这句话意味着水的形式无论是自然降水还是为人所用的地下水，居住、工商活动、生产过程的使用水，对于城市来说这些都终将变成地下废水和水性污物。如何处理和清除污物直接影响着城市水体环境和居民的健康。

---

① Joel A. Tarr. The Search for the Ultimate Sink：Urban Pollution in Historical Perspective [M]．Ohio：University of Akron Press，1997.

　　早期的城市为了抵御气候变化，泥土建筑很快就被砖墙建筑取代。尽管烧砖技术大大提高了建筑物的质量并延长了其使用寿命，但烧砖窑需要使用大量的木材。人们最初砍伐城市周边的森林，后来远方的森林也被砍光了。森林对生态系统的调控作用是极为关键的，林地可以限制水的蒸发，保护土壤使其免于风化；林地还能降低风速，保护土壤不易随风而去。但是森林的消耗毁灭了复杂的生物链，砍伐森林带来的土壤侵蚀致使附近河流和溪流中淤泥沉积。季风来临时，巨大的风力夹杂着大量尘土和碎屑向城市扑来。燃烧的木材和煤炭导致大气层中的沉降物污染了空气和土壤，城市微环境不断恶化。

　　城市建筑群破坏了城市内部生态系统的营养平衡。原本大自然生物的多样性和植物的天然循环能为土壤提供营养物质的再填充，不断增加土壤的养分，如今也被城市硬化道路取代，地表土被侵蚀。盖楼挖走的土方、砾石本是水流的天然过滤屏障，然而城市中铺设的沥青、水泥导致雨水流失和地下水位下降。同样，垃圾填埋也改变了城市环境的生态系统。原本陆地生态环境的各个方面都被城市化和集中的人口改变。

　　城市发展与人口激增自古以来就是相伴相生的。在技术革新的驱动下，小城市和乡村聚居地被建立在矿产煤炭等资源地周边。丰厚的经济收益吸引了大量人口涌入城市从事手工业劳动生产，自然而然导致人口激增、空间需求增加，对资源的需求量也随之扩大。靠近城市的富饶森林和富含水分的土地被开发殆尽，地貌形态产生巨大改变，城市及周边小气候环境逐渐干燥。

　　早期城市化还形成了人类迄今为止的生产——消耗模式。人类在消费自然资源的同时产生废弃物，进而需要更多的基础设施来提供能源并运走废弃物，否则就会在城市引起传染病扩散，导致死亡率上升。公元5~16世纪，欧洲许多城市的兴建是"城市工程建筑鬼斧神工"的产物。无论是城市拥有的深水巷，还是自身作为交通枢纽的关键位置或是作为农业经济中心，都磁铁般吸引着周边的市场。城市周围的林地以及采石场通过消耗土地和森林资源为城市的扩张提供了建筑材料。为了运输的方便，被疏浚的河道和港口改变了城市地貌。当疏浚工作过于艰难或者这片区域失去了其经济价值时，清淤疏浚活动就停止了，留下一片污泥与废弃物，其会滋生细菌，并继续污染环境。此外，修筑城墙和防御工事抵御外敌，设立社会机构和军队维持内部统治与稳定，城市的每一步活动都离不开对资源的消耗，特别是对不可再生资源的依赖越来越高，生态足迹越走越远。

（二）改造河流对环境的影响

从历史和环境角度讲，许多古代城市定居地都是肥沃的河畔文明。"新月沃地"就是一个很好的体现河流资源与人类文明关系的地质术语。河流的蜿蜒曲折是自然现象，往往是由于河道中水流量改变造成的。这种变化影响着沿河居住的人们的生活状态以及聚居区的存在形式。但是自然的威胁以及环境灾难还是使人们时常处于危险的境地。为了饮水、灌溉、防洪、航运以及处理污水等多种目的，人们将河流的自然支流截弯取直，改道成为大型城市运河，这对环境造成了一系列负面影响：修建运河打破了流水自然的运行规律，改变了陆地动物和水生鱼类的栖息环境。河道两岸必须筑堤，泥沙淤积不可避免。流水温度在封闭的河道中上升，到了夏季，水流速度减缓，形成一个个死水塘，对生活在水系旁人们的健康又构成了威胁。修建运河还直接导致城市和周边地区争夺资源，如果是国家层面修筑运河会产生沉重的徭役赋役，激化社会矛盾，造成更大的经济、环境、生命损失。

（三） 制造业和矿业对环境的影响

制造业和矿业延绵数千年，与农业、工业发展在历史上是并行的。早在 13 世纪，欧洲的新兴城市就成为早期手工制造业的发展平台及腾飞之地。但是与最近 300 年工业文明给环境带来的改变相比，他们对自然界的影响微乎其微。制造业社会的规模和人口数量比工业社会要小得多，但是生产出来的商品数量众多，耐久实用，很多人都负担得起，因此在整个地区逐渐建立起系统的贸易网。这个过程中产生的污染物影响了当地所在区域和半球的环境。

早期人类已经认识并利用天然材料的特性，加工制造成生产工具、武器、器皿和饰品，这一过程拓展了人类的知识和技能。冶金技术和制造业逐渐发展成为日后人类统一的生产活动。铜的首次使用是在距今 10000 ~ 9000 年前，通过加热和捶打把铜塑造成简单的工具和武器。从早期的美索不达米亚村庄、王朝统治以前的埃及、印度河流域的摩亨佐达罗社会到古老的中国，考古学家都发现了铜质的圆环、凿子、斧子、刀具及长矛。大约在距今 9000 ~ 3500 年这段时间里，铜主宰着整个世界的金属生产。人类一旦耗尽表层矿床中的铜，深层采矿便成为一种劳动密集型的活动，此时的采矿主要由奴隶来完成。在距今 5000 年前，塞尔维亚东部的采矿活动是在深达 30 多米的地下，矿工用木杆、石锤和鹿角作为采矿工具。距今 2200 年前，人们在印度拉贾斯坦邦除了开采铜矿以外已经开始开采冶炼铅、锌、银和黄金（Theodore A. Wertime，1973）。在欧洲，从漫长历史中积累的新发现和发明创造，以及从铜器向青铜器并最终向铁器的过渡让人类的采矿技术和冶金术大幅提升。

农业文明的采矿活动已经造成了严重的环境破坏。科斯特尔——哥尔泰普矿山遗迹就是古代采矿、冶金生产的鲜明例子。由于这里矿山并不出产铜，绝大多数的金属锡都被运到其他城市生产青铜。这也是理解西南亚古代青铜文明发展的重要来源。众所周知，在矿物加工过程中不可避免会产生很多废料，这些废料会被就地堆弃。根据考古学家和地质学家的研究，仅一个废料堆便含有约60万吨炉渣。一堆一堆的锡矿渣对地貌造成严重破坏，土地变得满目疮痍，遍地都是残渣和污染物。随后的熔炼活动把金属残渣排放到附近水道，并使氧化污染物挥发到大气中。同时破坏了土地的稳定性，引起地面沉降和坍塌。然而在一系列复杂的生产活动中，挖矿只是繁重体力劳动的第一步。冶炼青铜需要大量的木炭，生产木炭需要砍伐大片树林。据资料记载，燃烧7吨半干或潮湿的木材只能生产大约1吨木炭，因为在生产过程中仅烘干木材这个环节就消耗了约2/3的能量[①]。换句话说，就是铜和青铜的生产再一次直接导致了人类大规模的毁林活动。除了作为主要的燃料来源，木材也是重要的建筑材料。用来建造私人房屋和公共建筑的水泥、灰泥和砖块的原料来自木头燃烧后的灰炭，大大小小的熔炉对燃料的需求再次使林地大片消失。砍伐森林的结果又一次使表层土壤暴露在阳光下从而产生极端气候。正午的阳光把表层土壤烤干，下起的大暴雨冲刷着没有任何保护的土壤，高温和暴雨加速着土壤的侵蚀。流失的土壤和径流进入溪流、江河和沿岸港口，导致河道堵塞。早在距今3200年前，就有证据表明西南亚遭受了森林乱砍滥伐和水土流失的厄运，并且这一厄运开始蔓延到地中海的其他地区。以拉夫里翁银矿为例，从距今2478年前起，在300年的时间里为古雅典生产了3500吨银和140万吨铅。这一产值是以冶炼工人毁掉250万英亩的森林、烧掉100万吨木炭为

---

① ［美］彭纳. 人类的足迹：一部地球环境的历史［M］. 张新，王兆润，译. 北京：电子工业出版社，2013.

代价的①。距今 2400 年前，为了节约运输成本，雅典把熔炼工作从拉夫里翁矿井移到沿海地区。一艘艘驳船满载木炭，努力满足熔炉的需要。然而，在这些新设施附近的余渣中铅的含量增加了。在距今 2100 年前，由于林地面积的减少出现了燃料危机，拉夫里瓮矿井停止了生产，但它造成的环境破坏已经不可逆（Kenneth Pomeranz，2000）。因为熔炼过程本身就是一个重度污染环境的过程。它是矿石在高温下熔化，产生所需金属的过程也会产生矿渣。矿渣是一种熔化的、有光滑表面的废弃材料，是在金属同矿石分离时产生的。一堆一堆的矿渣堆弃在生产设施附近，其中有害的化学物质渗透进土壤，污染了土地和水质，也对当地居民的健康构成了威胁。它里面含有高含量的氰化物，还有少量的碳酸盐、硫酸盐、砷、镉和铅。这些都是有毒物质，其中有一些是致癌物。此外，在熔炼过程中砷会汽化蒸发污染空气。西班牙的里奥廷托黄铜矿是另一个很好的例子，它告诉我们古代人类对自然资源的开发利用是巨大的，环境破坏程度也是巨大的。在里奥廷托铜矿山辉煌时期，这片地区铅的含量比之前高出了 4 倍多。学者罗斯曼在冰芯中发现在这一时期铅的含量陡然剧增，而之前冰芯中基本没有。除此之外，和拉夫里瓮矿井一样，数以百万吨计的含铅、锌、镉、砷的铜矿渣被抛弃在山坡上。这些有毒金属通过流水、土壤、植被渗透进整个环境系统。冶炼工人和周围植被都遭受着巨大灾难，而这些物质依然存在于当前的环境中（Kevin Rosman，1997）。

人类在石器时代和青铜器时代之间有一个过渡时期，即"铜石并用"时代，所谓"铜"就是"红铜"，红铜以单质的形式存在于自

---

① Kenneth Pomeranz. The Great Divergence: China, Europe, and the Making of the Modern World Economy [M]. Princeton, NJ: Princeton University, 2000.

然界中。铜和青铜器的熔炼、浇铸持续了数千年的时间，在此期间技术传播到欧亚大陆的各个城市。由于人们耗尽了浅层矿中可以找到的铜，用铁矿石做实验成为一种经济上的需要。中国在春秋战国时期出现了铁器，铁质工具的出现使人类实现了大规模开垦活动，并极大地推动了水利工程建设。举世闻名的都江堰、郑国渠都是在这一时期出现的，中国的封建经济随之发展。尽管直到距今3200年前铁才成为一种主要的金属，但是早在距今5000年前位于土耳其西部的安纳托利亚一个部落的人们已经开始生产铁器。铁是在生产铜的过程中产生的一种副产品，熔铸工人和金匠经过1000多年的实验才使铁成为经济上可行的铜的替代品（Rudi Volti，1999）。人们对铁器制成品的接纳速度如此缓慢，部分原因是不能达到生产过程中所需要的高温。铁在大约1538度下熔化，而青铜合金只需要在1083度下就可以熔化从而得到铜和锡。如何将温度提升是一个漫长的技术改进过程。此外，一旦铁到达了它的熔化点就变成了一种铁和炭的柔软合金，必须把两者分离才能使用铁，这又需要在实验中不断探索获得冶金和化学知识。因此经过近千年的反复试验，人们逐渐掌握了铁这种矿物的特性，铁器被广泛地应用在社会生活的各个方面。制造武器、工具、器皿、饰品等。虽然生产铁需要消耗的木材数量较少，但是人们对铁的需求与日俱增，因此尽管生产效率提高但生态效果并不好，森林依然不堪重负。燃料短缺限制了铁在一些地区的生产，而长途运输费用进一步抬高了铁的价格，这一切使消费者难以承受，此时人类又发现了煤这种燃料。由于煤储量丰富、容易获得，越来越多的煤烟随之而来，环境再度受到重创。正如前文所述，为了冶炼铜和锡，木炭生产导致整个地中海地区大范围的毁林活动，加上农业发展和城市人口密度增加，创造充足的土地空间自然成为被优先考虑的问题，所以森林依然在退化，水土流失依然严重，铁的熔炼依然污染土壤和空

气，与铜并无差别（Joel A·Tarr，1997）。此时的健康问题同样不容
小觑，矿工们把金和汞混合起来，然后用火气化汞的过程毒害了镀金
者的肺，导致他们过早死亡。陶匠用铅粉使他们的陶器更加光亮，但
铅作为一种有毒重金属，长期积蓄在体内使他们牙齿脱落、神经麻
痹、肝肾功能损害等，最终悲惨死亡。

三、农业文明时期人类社会经济活动与环境的关系分析

伴随着气候条件的改善、社会组织能力的增强、人类认知能力的
提升以及推动生产力水平的技术进步，人类逐渐从自然束缚中解放
出来，走上了能动地改造自然之路。农业和畜牧业的产生使人类从攫
取型经济转变为生产型经济。经济生活方式的改变使人类对自然的
态度由过去单纯依赖和绝对服从转变为能动地控制和驾驭自然。如
果说原始文明人类还是消极的、被动的客体，那么农业文明人类则转
变为积极的、能动的主体。但是，农业文明发展过程中始终存在一个
不能解脱的矛盾，即农业发展带来的人口增长与自然环境承载力之
间的矛盾。农业的发展必然带来人口增长，人口增长必然导致更多山
林、草地的砍伐和开垦；山林、草地的减少必然造成水土的流失和植
被的破坏；水土的流失和植被的破坏使农业生产条件进一步恶化，最
终导致文明的衰落。美国学者弗·卡特和汤姆·戴尔（V. Carter &
T. Dale，1987）在其合著的《表土与人类文明》一书中研究历史上
曾存在的20多个文明，其中绝大多数文明的衰落源于赖以生存的环
境遭到破坏。其他因素如气候变迁、连绵战争、道德缺失、政治腐
败、经济衰退等，对文明的衰落有至关重要的影响，但不至于造成一
个民族或文明从根本上没落、消亡。因此，农耕文明的建立也是人类
第一轮大规模环境破坏的开始。古老文明的发祥地几乎都是以毁掉

天然植被、建筑居所、开拓农田、以薪柴为能源而发展起来的。生态环境问题也成为农业文明发展过程中涌现出来的新社会问题。但是在农业文明时期人们改造自然的能力仍然有限，不能跨越环境造成的阻隔，消除其对文明发展的不利影响。此时社会生产力和科学技术虽取得了一定进步但发展缓慢，不可能给人类带来高度的物质和精神文明以及主体的真正解放。人类对自然的开发利用是一种局部的、表层的，向环境索取的主要是物质与能量。人类活动仍主要在地表进行，以自然力为主，缺乏对自然的根本性变革，只是造成自然界局部的斑秃和伤痕，环境系统的自我恢复能力没有被破坏。农业文明所造成的生态问题尽管严重，可以毁掉一个又一个的地域文明，但总体上不至于毁掉整个人类文明，更不会严重到毁掉地球的未来。

四、农业社会的自然观——依附自然

农业社会的环境思想是从原始社会的自然观演化而来的。原始社会的自然观念都表现出对自然的恐惧，较少有地域差别。在农业文明发展过程中，由于地域、民族的自然条件、经济方式、社会结构等的差异，逐步形成了自然观的地域分化。如孕育于中国封闭大陆地理环境中的"天人合一"思想。中国农业社会"天"的观念是一种建立在以人道为中心、以天道为依据之上的理性观念。人与环境的关系在中国古代经典著作中能够得到充分体现。《周易》是中国古代生态文明的发轫之作。《周易》古经《小畜》卦上九爻提出了"即雨即处，尚德载"的生态道德观；"系于苞桑"的生态爱护观；"鸣鹤在阴"的生态和谐观。孔子"戈不射宿"；孟子"仁民爱物"；庄子"天地与我共生，万物与我唯一"；荀子"天行有偿，制天命而用之"；刘禹锡"天与人交相胜"；张载"民胞物与"等都是阐述人类

活动与自然生态的和谐观念①。因为农业文明时期最大的特点就是
"靠天吃饭"，依靠自然环境提供的充足阳光、雨水、植被、土壤、
养分等，从事农作物的栽培和牲畜的驯养。这种客观和现实的经验使
人们认识到人类的社会经济活动与环境之间存在着相互依附的关系。
在中国的农业社会中，各级政府和民间组织制定了众多的法律规范
及村规民约，以保护自然环境。早在神农时代就有了"神农之禁"：
"春夏之年生，不伤不害。谨修地理，以成万物。无夺民之所利，而
顺之时亦"。"禹禁"："春三月，山林不登斧斤，以成草木之长；夏
三月，川泽不入网，以成鱼鳖之长。且以并农力，执成男女之功"。
周朝《代崇令》："勿伐母树，勿动六畜，有不如令者，死无赦"②。
在世界史上，中华民族农业文明持续的时间最长，且一脉相承，与其
重视生态环境保护不无关系。与之相对的是西方，"柏拉图"的理念
可以说是近代西方主客二分的思维起点。文艺复兴推动着科学精神
的觉醒，高扬的"人性"大旗使人居于万物之灵的首位，飞速发展
的科技成为征服自然的武器。笛卡尔的"我思故我在"的著名论断
引导西方文明走向与自然的分离。西方文化从主、客体两分的思想出
发，将人推向了征服自然之路，率先跨入更高级的发展阶段——工业
社会，与此同时深重的环境危机开始酝酿。

表5.3   农业文明的形态和特点

时间尺度	距今 10000 年前～工业革命前（17 世纪后半叶）
空间尺度	流域或国家
人文特质	勤勉
能源利用	以再生资源为主（动物资源、森林资源、水资源）。不可再生资源为辅（矿产资源）

① 赵杏根. 中国古代生态思想史 [M]. 南京：东南大学出版社，2014.
② 杨天才. 周易 [M]. 北京：中华书局，1990.

续表

资源开发	人类开发自然资源能力低；人力资源相对短缺（争夺）；自然资源相对富足；智力资源有待开发
生产工具	木器、青铜器、铁器
技术结构	手工工具为主
生产方式	农耕、加工制造业
产业结构	第一产业为主，第二产业出现并飞速发展
社会推动力	依靠体能，物质获取为主
经济水平	自给自足（衣食）
人口增长率	高
身体素质	增强
认知能力	认知能力提升
认知结构	主客逐渐分离
系统识别	线状结构
消费标志	维持较低的生活质量
人口流动性	稳定，重土不重迁
教育水平	教育普及度低
社会形态	组织严密，等级明显
环境问题	森林、土地、水体、大气、疾病、人体健康
环境响应	缓慢退化
自然观	东方"天人合一"、西方"天人相分"
环境伦理思想	人类对自然认识和变革的幼稚期，仍肯定自然对人世的主宰，主张尊天敬神。利用（征服）自然，敬畏自然并存
人与环境的关系	人类对自然的开发利用是一种局部的、表层的，向环境所取的主要是物质与能量。人类活动仍主要在地表进行，以自然力为主，缺乏对自然的根本性变革。只造成整个自然界的局部斑秃和伤痕，环境系统的自我恢复能力还没有被破坏，没有造成严重的生态危机

资料来源：左亚文，等. 资源 环境 生态文明：中国特色社会主义生态文明建设［M］. 武汉：武汉大学出版社，2014.

第三节

工业文明对地质环境的影响与关系分析

工业文明也被称为第二次浪潮，是以工业化为标志，大机器生产占主导地位的现代社会文明，经济部门以制造业即第二产业为主。主要特点表现为科学技术飞速发展，工业化、城市化、法治化与民主化，社会阶层流动性增强、教育普及、信息传递加速、经济持续增长等。工业文明是最富活力和创造性的文明形态，在不到300年的时间里人类社会发展超过了几千年的农业文明时代。但是对地球资源的消耗与环境的污染也急剧加速。人与自身、人与人、人与社会、人与环境之间的关系日益紧张，此时的人类以自然的"征服者"自居。

一、工业文明人类社会经济活动对环境的影响

工业文明与农业文明不同，它的经济生产方式建立在商品生产和交换的基础上，本质上是一种商品经济。它所生产的商品不是为了自己消费，而是为了通过交换获得利润。这就需要从最初的农民中分化出一部分专门从事商品生产的群体，而欧洲新兴城市正好满足了这种需要。因此这就是工业文明不是在农业文明最发达的东方产生，而是在农业相对不发达的西方产生的一个主要原因。本节重点以英国、美国为例分析工业文明造成的环境问题。19世纪，英国作为世界最大的出口经济国而崛起，它的崛起带来了工业辉煌。作为"世界工厂"的英国的经济转变，代表着人与自然关系的重要突破，随后人对物质世界的占据强化了这种突破。运河、铁路、工厂和蒸汽机是英国工业化的主要标志。

（一）工业文明对自然河流的征服

1821年，英国刚开始利用河流动力时工厂仅雇佣几百人，但随之产生的巨大生产能力很快就使工人增加到几千人。1821~1840年，英国受雇于工业的工人翻了一倍，在制造业方面的投资达到农业投

资的 40%。为了满足生产需求，人们开始寻找更大水量，能够为更多工厂提供动力的河流，工业化因此延伸到带有大瀑布的乡村地区。在乡村进行布料的漂洗，需要从乡村的河流溪水中汲取淡水来完成这一过程。整个 18 世纪水力是工厂主要的能量源，直到 1838 年水利仍旧提供英国 1/4 的能源（Carlo M. Cipolla，1976）。蒸汽动力的使用标志着水力的衰退，但使用蒸汽动力同样伴随不可避免的河流环境破坏。水生动植物如红柳是河水质量的天然监测员。它们在健康的水域中会茁壮成长，在受到污染的水域中就会死亡。越来越多大坝的建立阻隔了鱼类回到它们的产卵地，导致其大量死亡。加上河流湖泊的污染以及不停歇地捕捞，淡水资源变得相当贫瘠，大坝也给人类的健康带来了严重危害。高达 30 英尺的劳伦斯大坝于 1848 年建立，纺织厂和制革厂向河里倾倒燃料和化学物质，木材厂用河水冲走木屑，人类也将积累的生活废弃物冲进河水里，其结果是梅里马克河成了工业废弃物的垃圾场，接着便是水质污染、细菌滋生、病毒扩散。此外，随着河流沿岸城市经济的继续发展，河流通过接收上游干净的水源，自我净化的能力越来越弱，水质腐朽也自不必说。

（二）煤炭与环境问题

挖煤和造铁同样是相伴相生的两项基本经济活动。因为木材的供应量逐渐减少不能满足燃料的需要，这时候煤炭来救急，并迅速把包括英国在内的欧洲和美国带入工业鼎盛期，煤炭从此成为城市化和工业污染最显著的根源。19 世纪后半叶，在欧洲和美国煤炭生产对于推动建立集中的、大规模的工业企业起着关键作用。1875 年，坐落在莱茵河、俄亥俄河及各支流上的大型钢厂如雨后春笋拔地而起。政府包括银行在内的金融市场帮助建立全国铁路网，这些支流和铁路系统把煤炭、焦煤、铁矿石、石灰和包括机械在内的钢铁产品运送到其他工业区。产品面对的市场跨越了边境线，贸易开始往来，经济飞速增长。但是炼焦炉排出的废弃物使周围几英里的土地覆盖了一层油腻的灰尘、焦油和灰烬的混合物，灌木和乔木无一例外的死亡。这些混合物被倒入附近的溪流阻塞河道，改变了水流的方向，引发了洪水，消灭了水生生物，破坏了水体生态平衡。从通风口排出的煤烟对大气环境也造成了巨大的破坏，酸雨、尘雾成为常见的天气状态。肺结核、伤寒和支气管炎又成为 19 世纪末工业化国家城市居民的主要死因。原因依然是开矿过程中的矿渣和石块等固体废弃物产生的环境污染。但当时人类对于排放的碳、硫、氧化氮这样的温室气体了解微乎其微，工业资本家辩解这是社会的进步和工业力量的象征。正如芭芭拉·弗里兹在《煤矿：一段人类的历史》中所提到的"就像一个善良的精灵，煤炭实现了我们很多愿望，使发达国家中的很多人富裕起来，富裕程度超过了工业化之前最不着边际的梦想。然而煤炭也像一个妖精，有其不可预测性和危险性"①。直至 20 世纪七八十年代，美国联邦政府才通过了《清洁空气法》和《河流与港口法》。由于环境污染事件越发增多，美国开始重视联邦污染防治立法作用，随后又颁布了《联邦杀虫剂法》《联邦大气污染和控制法》《防止河流污染法》《自然和风景河流法》等，以法律的形式限制工业资本家对资源的贪婪攫取成为迄今为止最重要的国家环境治理手段。

（三）城市化带来的环境污染

在工业化进程中，农民涌入城市造成的环境问题逐渐显现。19 世纪末，城市已被急剧膨胀的人口拖累得负重不堪。不断发展的城市经济产生大量垃圾，人们努力寻找最终的垃圾排放地。此时的江

---

① BarBara Freese. Coal：A Human History［M］. New York：Penguin Books, 2003.

河湖泊都成为排放池，被粪便、尸体、棉纺厂和制革厂排放的燃料、造纸厂排放的纸浆和木材厂丢弃的木屑填满，污物和臭气是当时普遍的社会景象。环境中的基本资源如土地、淡水、空气都携带着威胁人类健康和生命的细菌，痢疾、霍乱大规模发生。1841 年的英国曼彻斯特人们平均寿命只有 26.6 岁。

（四）工业转型、全球汽车与环境问题

第二次世界大战之后，汽车城取代煤炭城成为美国工业的所在地，其中钢材的主要消费领域变成了汽车工业。汽车逐渐被接受是在 19 世纪末 20 世纪初。早期在汽车保有量低的情况下所造成的环境污染并不显著，因此汽车工业对致力于卫生和公众健康的新一代城市规划者而言极具吸引力。但是它排放出的有毒物质对人们的危害持续了很长时间才被发现。直至 20 世纪末，政府才制定了一系列的排放标准和法律来缓解汽车尾气对环境和人的危害，并禁止将铅作为汽油的添加剂，如《大气污染防治法》《机动车燃料效益法》等。但这也只是杯水车薪，带有内燃机的汽车不断加速温室气体向大气中的排放。事实上，汽车还是能量的主要消费者，经济生产需要的钢、铁、铝和塑料，仅汽车工业就消耗了国家巨大的生产力。"20 世纪 90 年代，在德国每生产一吨汽车就会产生大约 29 吨的废弃物。制造一辆汽车排放出的空气污染物相当于一辆车开了 10 年排放的污染物"[1]。在生产过程中通过添加石油形成的合成橡胶代替天然橡胶之前，全世界超过一半的橡胶种植园为汽车和卡车生产轮胎。无法自然降解的轮胎要么堆积如山滋生细菌，要么会随时引发火灾，形成新一

---

[1] J. R. McNeill. Something New Under The Sun [M]. New York：W. W. Norton & Company, 2001.

轮环境污染。汽车还改变了我们与土地和周边环境的关系。为了迎合这种新技术，从 20 世纪 50 年代开始在洲际间修建了上百万公里的高速公路网，这一切都是为了解决新富裕起来的美国人购车出游度假的需要。修建高速公路的过程也改变了地表形态、植物群和陆地哺乳动物的迁徙方式，生态平衡再一次被打破。

（五）消费商品与环境问题

历史学家把 18 世纪称为消费革命的开端。实际上消费是生产力提升的表现，和农业、制造业、工业类似。在工业化之前的一个世纪以及随后的几百年里，人们逐渐减少生产自身所消费的东西。他们为了报酬而工作，购买他们所需要的东西。也正是从这个时候开始，消费热销商品就成为带有生态响应的一种重要的经济和文化交易。烟草、糖、茶叶、咖啡和可可是世界上首批现代消费商品。他们的生产、加工、船运、销售和消费改变了生产者和消费者之间的关系，也改变了生态系统，数百万英亩的雨林和森林遭到砍伐并转变为种植园和农场。种植园和农场的盛行又有助于维持新兴的工厂体系，并将它不断完善。下面本书仅以烟草、糖和咖啡举例说明消费品的出现对环境带来的灾难性影响。

1592 年以后，烟草的消费几乎遍布全球。这些让人高度上瘾的物质很快刺激了市场的繁荣。烟草成为殖民地的单一栽培，美国的弗吉尼亚州也成为"将土地变为烟草的工厂"。烟草生产过程可以分为 5 个阶段：种植和烘烤、产品生产、流通和运输、产品消费（包括二手烟和三手烟的暴露）、消费后烟草制品废物的处理，可以说每个阶段都对环境包括贫困产生了巨大的危害。比如，在烟草的种植过程中，科学家在香烟的烟雾里发现了包括砷、氰化物和尼古丁在内的几百种有毒化学物质，还发现了放射性元素钋 210。钋元素 210 是烟草植物从土壤中的铀元素中吸收的一种毒素。使用含有高磷酸盐的化肥可以促进烟草生长，但是也增加了铀从土壤到植物的转换。每抽掉一支香烟，抽烟者会吸进大约 0.04 微微居里的钋 210，一年内每天抽一包半香烟相当于做 300 次 X 光胸透[1]。当资本家沉浸在烟草带来的巨大利润的喜悦中，20 世纪最后几十年，吸烟与癌症、心血管疾病、黄斑变性及其他疾病的联系使西方工业化国家的中产阶级大大减少了香烟消费量。烟草的生产加工过程对生态产生的影响可以用"灾难"二字形容。香烟中的烟草成分主要是烤烟，烤烟的制作过程是在密闭的房子里风干烟草，使用燃烧木材的炉子，通过烟道或管道将燃烧产生的热量倒入仓房。炉内温度上升到 160 度，一直到烟叶、烟秆全部烤干。通过对温度和湿度的控制，除去湿气，只剩下枯黄色的烟叶和烟秆。从以下数据可以了解此时以这种方式加工烟草的环境代价。据统计每生产 2.5 万支香烟就要砍伐一棵树。每烤干 1 公斤烟草，从全世界范围看最多需要砍伐 12 棵树[2]。从这里也可以看出森林乱砍滥伐是一个长期的历史存在问题。随着烟草种植园附近的森林资源减退、环境恶化，种植烤烟的烟农开始使用燃烧天然气的直燃系统来烘干烟叶，这种方法被发现可产生烟草特有的亚硝胺。亚硝胺是由一氧化氮产生的，是烟叶中的尼古丁氧化的产物。这种亚硝胺已被证实是致癌的主要物质，虽然通过热交换改进直燃系统可以极大减少烟草特有的亚硝胺，但是不能彻底消除。不能被彻底消除的还有烟草消费后的废弃物，这属于不可降解垃圾，将长期存在于自然界中，对环境的污染是长久的。

糖作为一种商品，其生产和分配对世界市场的消费格局的改变

---

① Edward P, Radford, Jr and Vilma R. Hunt, 1964. Polonium –210：A Volatile Radioelement in Cigarettes [J]. Science, 143 (3603)：247 –249.

② Jordan Goodman. Tobacco in History [M]. London：Routledge, 1994.

是巨大的。价格昂贵的糖在 17 世纪前进入英国市场，很快就成为英国最能持续带来利润的经济作物。种植者不再种植其他作物，转而种植糖类作物。1600～1800 年，"糖的生产成为全球经济贸易的重中之重，使粮食、肉、鱼、烟草、家畜等相形见绌"。① 作为唯一一个改变人类关系，农业生产和全球饮食制度的消费品，这场"糖的革命"引人关注，但也让人悲哀。它将原来带有多种种植技术的多样化农业转变为糖的单种栽培，由此引起森林砍伐、水土流失，并使土地在加勒比海地区反复无常的天气面前不堪一击。随着甘蔗田将森林取而代之，种类繁多的庄稼和作为昆虫、鸟类和哺乳动物栖息地的牧场也消失了。种植园主砍伐附近的森林，为的是腾出地方来熬甘蔗汁。公路和铁路帮助打开了通往内陆的市场，将结晶砂糖运往炼糖厂，销路可以到达原来不能到达的地方。而且，只有来自西非的源源不断的奴隶才能维持糖料种植园经济。正如理查德·塔克所指出的，在加勒比海前所未有的生产规模表明"美洲生态帝国主义"的首次繁荣。②

17 世纪中期，咖啡消费已经传播到伦敦、巴黎、阿姆斯特丹。大约 200 年前，查尔斯·达尔文写道："这片土地就像大自然自己建造的一座旷野、杂乱的华美温室"。咖啡种植、农业精耕细作和食草动物这些因素加在一起很早以前就将"杂乱的华美温室"转变成生态脆弱的土地。咖啡种植需要上百万加仑的石油类化学肥料才能繁茂，鲜有人知这是另一个使用化石类燃料的领域。咖啡是地球上第三大喷洒农药最多的作物，前两位是棉花和烟草。在将咖啡呈现给消费者的过程中，一个最重要的环节就是去掉咖啡豆的外壳。好几代咖啡

① Robert W. Fogel. Without Consent or Contract: The Rise and Fall of America Slavery [M]. New York: Oxford University Press, 1989.

② Coate Charles, 2002. Insatiable Appetite: The United States and the EcologicalDegradation of the Tropical World [J]. Journal of American History, 88 (4): 1571-1572.

种植者在生产过程中首先要做的就是浸泡咖啡豆，这个过程会产生成吨的发酵物，这些发酵物倒入溪流河水中便会引起水质污染。腐烂的发酵物会耗尽水中的氧气，杀死水生植物和鱼类。为了维持咖啡的高产，人们持续破坏带有繁茂树荫的咖啡树，再一次打破了生态平衡。超过70%的咖啡丛在人为干预下顶着太阳在密集的微环境下生长，无法为候鸟提供生存的家园。而候鸟需要在枝杈繁茂的树上筑巢，才能捕捉有害的昆虫，保护丛林。

二、工业文明人类社会经济活动与环境的关系分析

工业文明时期人与环境关系进一步疏离，"人化"自然空前加强，同时自然开始了对人类大规模的反扑，主要表现在以下四个方面。

第一，智慧的发展推动人类创造力显著提升，改造环境的能力迅速增强。利用科学技术这一巨大生产力，使人类自身的活动范围不再局限于岩石圈表层，已深入地球内部并拓展到外层空间。这一时期最大的特点是人类直接向岩石圈、水圈、生物圈和大气圈大规模地攫取物质和能量。生产过程中本来固定在岩石圈中的一些元素和化合物被人类快速转移到其他圈层，一些在自然界中要经过千年、万年，乃至百万年才能完成的物质转化过程，人类在几年、几天甚至几秒钟便能完成。人类和环境的关系发生了根本改变，人类已成为导致环境变化最为重要的外部力量。

第二，工业生产对自然的要求使自然与人类的距离更加疏远。在农业文明时代，生产一般只引起岩石圈表面的环境变化，物质产品是在自然状态下也会出现的生物体。而工业文明时代，生产引起地质环境自身不可能出现的变化，很多产品在自然状态下不可能产生，即人工制成的产品大量增加。

第三，"生态帝国"政策加剧了全球性环境问题。这是发达国家掠夺别国生态资源的行为。主要表现在两个方面：一是把大量有毒有害的化学废料以经济补贴的方式向发展中国家输出，把他们当作工业垃圾场，使有毒废料在国际范围转移，造成严重的全球性问题；二是把大量危害生态和破坏环境的污染工业向发展中国家转移，对这些国家的生态环境造成直接损害，或者留下严重的隐患。

第四，消费方式的深刻变革引起社会的深刻改变。物质商品成为社会各阶层炫耀成功、模仿社会精英的方式。而被忽视了的是过度消费和炫耀性消费所造成的浪费、污染、社会不公和社会假象。此外，艾滋病的传播吞噬了无数人的生命。高科技的发展，特别是核武器、核战争的威胁，使人类随时陷入恐慌状态，严重威胁着人类的生存与发展。

三、工业文明的自然观——征服自然

工业社会造成的人与自然关系紧张的背后是人类对自身本质属性与赖以生存的环境之间关系认知不足的反映。此时的自然界在人们眼中不再具有往昔的神秘和威力，自然对人类无论施展怎样的力量，人类总能找到对付这些力量的手段。人类再无须借助图腾崇拜或祈祷神灵来保佑自身的安全与发展，只需凭借知识和理性就足以征服自然。如果说原始文明时期的人类是自然的奴隶，农业文明时期人是在"天"支配下的自然的主人，那么工业文明时期，人类仿佛成为征服和驾驭自然的"神"。在工业文明的发源地英国，佛兰西斯·培根宣称："知识就是力量"①。哲学家洛克说："对自然的否定就是

---

① ［罗马］马可·奥勒留. 沉思录［M］. 何怀宏，译. 北京：中央编译出版社，2008.

通往幸福之路"①。人类为了满足自身不断增长的物质欲望，对自然进行着掠夺性开发和破坏性利用，许多做法已经违背了自然规律，超出了自然能够承受的阈限，自然开始以自身铁的法则向人类实施报复——全球生态失衡。一次次的全球性灾难提醒着人们是时候重新审视自身了。进入 20 世纪中叶后，曾经陶醉于征服自然的辉煌胜利的人们逐渐清醒，意识到工业文明在给人类带来富裕的物质生活的同时也给环境带来了空前的灾难，这些灾难共同将人类推向了生存发展的危机中（见表 5.4）。

表 5.4　　　　　　　　　　　工业文明的形态和特点

时间尺度	17 世纪后半叶（蒸汽机出现）——20 世纪七八十年代（电子信息技术的广泛应用之前）
空间尺度	国家或洲际
人文特质	进取、创新
能源利用	矿物资源（煤、石油、天然气）
资源开发	人类开发自然资源的能力增强；人力资源相对富足（失业）；自然资源相对短缺（争夺）；智力资源进一步开发
技术结构	机械——自动工具
生产方式	机械化大工厂体系
产业结构	第二产业——工业资源密集
社会推动力	主要靠技能、能量获取为主
经济水平	富裕水平（效率）
人口增长率	迅速
认知能力	认知能力进步飞速
认知结构	主客体分离
系统识别	面状结构
消费标志	消费主义盛行
人口流动性	流动增大，主要在国家范围内：乡村——城市

---

① ［英］洛克. 自然法论文集［M］. 李季璇，译. 北京：商务印书局，2014.

续表

教育水平	教育普及度高
社会形态	社会分工明确
环境问题	森林、土地、水体、大气、疾病、贫困、饥饿、道德危机、精神颓废、地区国家间发展不平衡
环境响应	全球性环境压力
自然观	西方"天人相分"
环境伦理思想	人是自然的主宰，人定胜天
人与环境的关系	人类活动范围不再局限于地球表层，已深入地球内部并拓展到外层空间。"人化"自然空前加强，同时自然开始了对人类大规模的反扑，全球性环境问题出现

资料来源：左亚文，等. 资源 环境 生态文明：中国特色社会主义生态文明建设［M］. 武汉：武汉大学出版社，2014.

第四节

文明的超越——生态文明

判断人类文明的发展趋势要对其进行内在矛盾分析，并从这种矛盾规律中找到文明发展的方向。当前人类文明面临的最大问题是社会高速发展和能源日渐枯竭之间的矛盾；是生产的飞速发展和环境严重污染之间的矛盾。那么更高级的文明形态必须能化解这些矛盾，实现可持续发展目标，这就是我们当前提出的生态文明之路。正如工业文明不是对农业文明的简单否定，生态文明也不是彻底否定工业文明，而是强调在工业文明基础上实现人与自然的和解，使人们在享受现代物质文明成果的同时又能保持和享有良好的生态文明成果。即生态文明是在"解构"工业文明范式中产生的一种新的文明形态（杨世宏，2016）。1962 年，美国海洋生态学家雷切尔·卡逊《寂静的春天》一书的出版标志着生态文明思想的萌芽（雷切尔·卡逊，2015）。

一、生态文明的含义与衡量标准

（一）生态文明的基本含义

生态文明是指人类社会经济活动在遵循人、自然、社会和谐发展这一客观规律的基础上所取得的物质成果与精神成果的总和（上官龙辉，2015）。这不仅是生产方式和生活方式的转变，更是人类伦理观念的转变，是历史的必然和现实合理性的统一。

（二）生态文明社会的衡量标准

1. 人与自然和谐的生态道德观

生态道德的哲学基础是生态伦理。生态伦理是关于人与生态系统和谐发展、共同演进的思想学说。依据现代科学揭示的人与环境相互作用的规律性，强调以道德手段调节人与自然的关系。显著特征在于把道德关怀的对象从人类社会扩展到整个自然界。

2. 循环生产模式

生态文明的生产过程是"原料—产品—废弃物—二次原料"的闭循环过程。在对自然的加工环节中可以利用技术手段和管理手段来提高资源的利用率，降低废弃物的产出量。产生的废弃物一方面可以通过无害化处理返回大自然，另一方面可以通过再资源化进入加工环节。

3. 绿色消费模式

绿色消费着眼于经济发展与环境保护的统一。消费重点是"绿色生活，环保选购"。倡导人们在决定购买之前要充分考虑环境保护的义务和责任。绿色消费的另一层意思是帮助实现国家绿色 GDP 增长。

4. 生态文明的科技观

生态文明发展也要依赖科技进步，但要求科技既要认识、利用、改造自然，又要认识与调节人类自身、人类活动与自然的关系。因此，生态文明的科学技术新范式的价值取向和评价尺度是多维的，既有经济的尺度——生产力标准，又有环境与生态的尺度——维系生物多样性，其中起决定作用的中间环节——技术系统，应将二者有效融合。

二、生态文明的自然观——马克思"人本"主义的生态观

生态文明社会的第一个衡量标准就是人与自然和谐共生的道德观。在如何正确认识人与自然的道德关系上，马克思的生态思想是超越了"人类中心主义"和"非人类中心主义"的"人本"生态世界观。"人本"的生态观是在实践的基础上自然向人的生成以及自然被人化、人被自然化，从而形成人与自然融为一体、协同进化的关系。研究马克思的"人本"生态世界观对于生态文明建设具有重要的理论指导实践的价值。

第一，自然界是"人的无机身体"。在《1844年经济学哲学手稿》中比较集中地阐述了马克思的生态世界观，最大特色是强调人与自然的历史联系与现实统一。具体理解为：（1）自然是人的无机身体，也是人的精神无机界。一方面，人类生存所需的物质资料离不开自然界。人在肉体上依赖自然界，这同其他动物没有本质上的区别。但对人来说，其独特性在于自然界成为人类确证自己本质力量的对象。人的本质力量就在于人具有能动的创造性，在于人的智慧，通过实践能动地改造世界，把自己的思想变为现实。人对世界做出的改造以及通过实践生产出来的各种"人化"自然物就成为人的本质力量的确证。另一方面，只有人才能把自然纳入精神中，有了人的活动自然才能被

赋予意义。人将自然界反映到头脑中，并对其进行加工改造，赋予人的思想情感，生产出精神产品，这样自然界在人的精神世界中就有了新的生命，成为人的精神世界的一部分。从根本上说，没有自然就没有人，但是自然缺少人类就变得不完整，自然界就不能被发现。冯友兰先生说，宇宙间若没有了人，那么它就是混沌一片、漆黑一团，只有人才能给自然界带来意义。因为人能够"判天地之美，析万物之理，究天人之际，通古今之变"，没有人自然界就缺少了色彩与声音（冯友兰，2007）。（2）保护自然就是养护人的无机身体。既然人的产生与发展是自然界的目的，那么自然界的生态链也是一个合目的性的等级系统，其中低级生物的进化是以高级生物为核心并在与其他生物和环境的相互作用中促成该生命的诞生，直至人类的出现。生态金字塔下面的营养级就是我们的无机身体，这是保护环境的深层原因。人是自然界唯一能自觉认识生态危机的物种，因而在保护生态环境平衡、维护其他物种生存权利方面人类有不可推卸的道德责任。

第二，劳动是人与自然的物质转换过程，也是人的根本存在方式。马克思说："劳动首先是人和自然之间的交互，是人自身的活动来中介、调整和控制人与自然之间的物质变换过程。"[①] 人与动物的根本区别就在于人能够通过劳动自觉地利用支配自然，积极能动地改造自然，而非动物那样消极地适应自然，只有人类才能给自然打上自己的烙印。但是人类可以能动地改造自然并不等于人类可以为所欲为，历史上这样的例子不胜枚举。生活在5000年前中美洲危地马拉高原曲北地区的玛雅人曾建造了雄伟壮观的神殿，发明了象形文字，并掌握了只有少数早期文明所拥有的高深数学，被称为文明史的

---

① 李桂花. 马克思恩格斯哲学视域中的人与自然的关系 [J]. 探索，2011，(2)：153 - 158.

奇迹。然而，这一灿烂文明很快就因人口激增、过度开发资源，造成生态系统失衡（王舒，2014）。再如印度河流域文明，其古城遗址直到 1922 年才被历史学家和考古学家在大片荒漠中发现。追根溯源，还是人类的无节制开发，森林植被被大规模破坏，雨水冲掉疏松的表土，河流淤积越来越多，洪水泛滥频繁，土地变成沙漠（王慧，2008）。此外，美索不达米亚、希腊、小亚细亚等地居民为了获得耕地而将居住范围内的森林砍伐殆尽，使其变成了荒芜不毛之地。1776 年，英国出版了爱德华·吉本的史学名著《罗马帝国衰亡史》，该书认为罗马人由于大量摄入铅而导致了贵族的寿命和生育率低下，并最终导致古罗马帝国的衰落。1965 年，美国医生吉尔菲兰（Gilfillan，1965）在《职业医学杂志》中也指出，罗马的铅质供水管道极大损害了罗马人的健康，并导致了罗马的衰落。因此，卡特等指出："文明之所以会在孕育了这些文明的故乡衰落，主要是由于人们践踏了帮助人类发展文明的环境"①。人类还不能真正意义上自觉地利用、驾驭自然规律，而是仍然受到自然规律的支配。人类活动的力量一旦超出了大自然所能容忍的限度，自然界必然会以报复和惩罚的方式来否定人的行动。

第三，合理调节人与自然的物质转换，实现人与环境的和解及人与人的和解。劳动是人与自然间物质变换的过程。由于人类是超级生产者、超级消费者，但不是超级分解者，大量的废弃物排放到环境中无法分解，这表明人与自然的物质变换还存在许多不合理的地方，违背了自然规律，导致人与环境关系紧张。如何调整、控制人与自然之间的物质转换，马克思给出了两条行为准则：一是效益最佳原则。即

---

① ［美］弗农·卡特，汤姆·戴尔．表土与人类文明［M］．北京：中国环境科学出版社，1987.

最小代价换取最大占有。二是最适合人类本性的原则。两条原则表达了三层含义：一是物质转换不能损害人的自然属性。二是物质转换要考虑人的社会属性。不正确的社会关系会导致不正确的自然观，进而造成人与自然的疏离。所以环境问题也是社会问题，是人与人之间的关系问题。为此，马克思提出了一个重要思想"人类同自然的和解以及人类自身的和解"①。三是人与自然的物质转换还要在最适合于人的本性的前提下进行，因此要防止两种异化：生活方式的异化和生产方式的异化。

第四，"再生产整个自然界"思想的生态伦理维度。一是"再生产整个自然界"标志着人的主体地位及其活动方式的确立。我们可以这样理解：（1）再生产出来的"自然界"是"人化的自然"，是"人的本质力量的对象化"。人必须既在自己的存在中也在自己的认知中证明并表现自身。人类只有生产出与原来自然界不同的自然时才标志着人在进行真正意义的生产，表明人已经脱离了动物界。（2）"再生产整个自然界"意味着人有着与动物不同的看待自然的方式和态度。用感受形式美的眼光来观察自然，用有音乐感的耳朵来倾听自然。（3）"再生产整个自然界"确立了人不同于动物的生产方式。人的生产是全面的，既从肉体需求出发，又兼顾人的精神需求；既要追求经济效益，也要追求生态效益和社会效益。二是"再生产整个自然界"表明人的生产要遵循两种尺度：（1）内在尺度，即人的生产要按照人的需要和目的进行，要"以人为本"。（2）外在尺度，即人的生产要符合物种自身的需求，因此生产过程要遵循生态规律，维持生态系统的稳定和平衡，这样才有可能再生产出适合人类的生存环境。环境危机的出现也正是人类的生产活动没有或者忽略了后一个尺度的结

---

① 孙熙国，张梧. 1857－1858 年经济学手稿［M］. 北京：研究出版社，2022.

果（杨世宏，2016）。三是"生态环境社会再生产"。这是指在生态环境自然再生产的基础上通过人的实践活动自觉促进生态环境的负熵化趋势，提高生态环境对人类社会活动的承载能力。很多资源型城市都面临着转型问题，一些城市转向了第三产业——旅游业，其中不乏成功的例子，如焦作、抚顺，从煤炭资源型城市转向了生态旅游城市。四是"再生产整个自然界"是人按照美的规律美化自然。人与自然的物质变换就是改造自然与美化自然的统一。人类要恢复、重建生态系统绝不意味着原始生态系统就尽善尽美。面对有缺陷的自然界，人类应发挥能动性去弥补或消除缺陷，使其达到可能的最佳状态，这也是人的"参赞化育"，引导和管理自然进化作用的体现。"再生产整个自然界"的过程就是创造美的过程。

三、马克思生态伦理思想的"人本"特色

马克思生态伦理思想的"人本"特色在于：第一，确定人的主体地位。对人的意识而言，无论是客体自然还是"人化"自然，都不等同于主体本身，他们是主体的主体性确证，映射出了人的主体地位。即自然是属人的存在，没有自然，人的主体性不能得到彰显。第二，突出人与自然的内在同一性。将人与自然的本质同一性当作人的本真的存在形态。第三，"人本"是在现实世界里人与自然和谐相处、协同进化的基础上凸显人的主体地位。在历史观上，"人本"突出人的实践是合规律性与合目的性的统一。如田心铭说，在人与自然关系上，"人本"指人的实践活动和价值追求中作为出发点和落脚点的本位，也是实践观和价值观中主体与客体中的主体（田心铭，2008）。在马克思"人本"生态世界观的基础上，近年来党的一系列治国理政的生态思想中进一步凸显了"人本"的精神特质。（1）科学发展

观中"人本"的生态伦理。科学发展观的第一要义是发展，核心是以人为本。"以人为本"体现在人与自然关系上就是承认人的主体地位。揭示了发展为谁、发展靠谁，以及发展的成果由谁享用的问题。人的利益和价值是人的实践活动的最终目的。从人类发展的现实看，既要承认自然界的利益，还要承认人的利益，而要满足人的利益就会损坏自然的利益，有学者提出了解决二者矛盾的总原则："人类生存的基本需要高于自然界的利益，但是自然界的生存需要高于人类的非基本需要，包括过分享受和奢侈的需要"①。确立这一原则就应该把人的活动限制在自然界生态平衡的界限内，不断提高自然界维持生命的能力。人与自然界的关系如果失衡就需要人类主动出面调节。"以人为本"要求的"以人为中心"所描述的是社会发展的一种目标定向，是在人、自然、社会系统中，人作为一个物种所体现出来的中心位置。（2）党的十八大以来的"生命共同体"与"生态民生观"。生命共同体观是习近平的生态伦理观的逻辑起点。2013 年 11 月，习近平在十八届三中全会上指出："我们要认识到山水林田湖是一个生命共同体，人的命脉在田，田的命脉在水，水的命脉在山，山的命脉在土，土的命脉在树"②。自然生态系统是亿万年间生成的复杂系统，各种生物之间、非生物之间、生物与非生物之间都具有高度的关联性。长期粗放的发展模式带来的是生态环境的巨大挑战，由此引发的环境群体性事件也频繁出现。发展，说到底是为了社会的全面进步和人民生活水平的不断提高，经济的发展不代表全面发展，更不能以牺牲环境为代价。"以人为本"最重要的就是不能在发展中摧残人的无机身体。保护生态环境就是保护人类，建设生态文明就是造福人类。

---

① 杨世宏. 生态伦理学探究 ［M］. 北京：群言出版社，2016.
② 中共中央关于全面深化改革若干重大问题的决定 ［EB/OL］. 中华人民共和国中央人民政府，2013 – 11 – 15.

不同文明的资源观如表 5.5 所示。

表 5.5　　　　　　　　　　不同文明的资源观

经济社会发展	原始文明	农业文明	工业文明	后工业文明	生态文明
科学与技术	劳动工具	物体	分子—原子	核技术	电子
资源系统观	无	村落小系统	地域大系统	国家大系统	人与生物圈系统
对新资源的认识与利用	物质资源	物质资源	能量资源	环境资源	信息资源
土地资源	林地	农田	温室栽培	高产农田	生态农业
水资源	渔猎	灌溉	水力发电	控制水污染	水资源循环利用
海洋资源	渔猎	捕鱼	潮汐发电、航运	综合利用	海洋生态系统
矿产资源	无	建筑材料	化工原料	地貌	新材料科学全息地质图
能源资源	木头、水、风	木炭、太阳能、水、风	煤、石油、天然气、核燃料	防止大气污染	可再生新资源（热核巨变能量）
森林资源	采集、狩猎	木材、建筑	造纸、纺织	森林生态系统	全球生物圈
草地资源	采集、播种、畜牧	牧场	毛纺工业原料	草原生态系统	全球生物圈
气候资源	靠天吃饭	掌握一定的节气规律	地区性天气预报	有效利用气候资源	太阳能、风能的全面利用
旅游资源	为了生存而进行的迁徙活动	少数特权阶层的享受	旅游成为普遍的生活方式，地区跨度大，环球旅游出现	旅游成为现代人类全球范围内大规模的迁徙活动	旅游是现代人类精神文化生活及与自然和谐共生的必不可少的社会活动方式

资料来源：吴季松.生态文明建设［M］.北京：北京航空航天大学出版社，2016.

第五节

历史地、辩证地分析人类活动与环境演化关系的规律

通过历史回溯人类文明发展与环境的关系可以看出，环境危机直接发生于人类生存发展的需要与地球资源有限性的矛盾中。危机的表面原因在于人口膨胀、城市化与工业化，但事实上人类文明发展与环境关系的恶化始终伴随几个关键因素：资源的开发与利用、技术的革新、废弃物处置、人类需求无限以及对自然的认知态度。本书采用辩证的、发展的观点分析当前环境问题发生的内在规律，旨在从人类改造自然的客观活动与随之伴生的主观认识发展说明生态文明时代到来的历史必然。

一、人类在利用改造自然的历史进程中虽然环境付出了沉重代价，但是文明进步必须肯定

（一）人与环境相互作用的过程是人的认知能力不断提升、主体地位不断彰显的过程

前文已经分析了人类的文明史就是人与环境相互作用演变的历史。这一过程中人类为了生存不断适应、克服大自然设置的障碍，学习能力、认知水平、知识结构与智慧不断提升，利用改造自然的能力不断加强，人在自然界中的主体地位不断彰显。

原始文明及农耕文明早期自然环境恶劣，人类对资源利用能力

有限，主要是森林、土地。生活资料和生产工具几乎是自然界的直接产出，没有进行实质性的创造劳动。社会推动力依靠体力加本能，生活水平极为低下，死亡率高。人类在自然允许的范围内艰难生存繁衍。此时文明发展缓慢，但也伴随着人类对自然的认识与利用。例如早期狩猎采集者已经懂得控制火，使用火改善猎物口味和营养价值，还知道燃烧后的灰烬对土壤具有的肥力。这种学习行为数千年来陪伴着人类，并极大改变了人与自然的关系。前文中说过史蒂夫·米森在《后冰河时期：全球人类史》一书中详细介绍了野生谷物的自然生长周期是如何被人类干预，使单一植物的基因突变，最终将野生谷物转变为人类养殖品种的，这是人类文明史上的里程碑事件。只是到现在这一过程才成为有意识的科学行为。虽然此时人类活动对环境的影响很小，但这是人类认知能力不强、生产力低下、社会组织结构松散、主体地位还未显现的结果。

在与环境的不断互动中，人类对自然的认识能力进一步提升。从农业文明起，人类对资源的利用范围逐渐扩大。以再生资源动物、森林和水为主，不可再生资源以矿产资源为主，生产工具从石器过渡到青铜器、铁器，生产力提升。社会推动力主要依靠体能，人口增长率提高，身体素质增强。认知结构上主客体开始分离。人类逐渐从自然的束缚中解放出来，走向了能动地改造和支配自然的道路。尽管农业文明在一定程度上保持了自然界的生态平衡，但这是一种建立在落后的经济水平上的生态平衡，是和人的主体性发挥不足、对自然的认识能力有限相联系的生态平衡，因此也不应该是人们赞美和追求的对象。

智慧的发展推动人类创造力的不断提升，人类对环境改造的能力也不断增强。进入工业文明时期，人类活动不再局限于岩石圈，资源利用范围进一步扩大，从可再生资源逐渐扩大并依赖不可再生资源，广泛利用高效化石能源。社会推动力以机械化、自动化、信息化为主。生产力发展和科技进步给人类带来高度的物质与精神文明以及主体的真正解放。认知结构演变为主客体分离、对立，甚至凌驾于自然之上，人的主体地位空前彰显。

（二）科技的进步是人类社会持续变革的主要推动力

人类认知能力提升的一个突出表现就是科技的进步，科技的进步又带动了社会文明的发展。历史地看人类社会经济范畴内发生的所有重大变化无不与科学技术的实际进步有关。从原始文明到农业文明再到工业文明，科技的进步始终伴随资源的发现、开发与利用。

水车和风车就是人们早期对风力和水资源的利用，为农业社会和工业化早期提供经济活动的动力源，并通过不断地改进技术来促进更大的生产力进步。水车是农业文明主要的生产力，其作用体现在农业灌溉和磨粮食。早期的水车只能将大约20%的水能转换成可用的动力，到1800年转化率达到了35%～40%，19世纪末技术的进步可以将多达60%的水转换成动力①。随着对水流的控制，水车输出的巨大能量使越来越多的采矿和冶金工业使用水车，由此引发了制造业革命。1795年，一位制造商获得一项发明专利，他的水力驱动机一天可以切割20万枚钉子（彭纳，2013）。这项专利的经济效益令世人震惊，因为在建筑成本中这是一笔不可小觑的预算。

在描述风车对社会进步的积极作用时，技术历史学家林恩·怀特说："中世纪末期最大的荣耀不是大教堂、不是史诗，也不是经院

① ［美］彭纳. 人类的足迹：一部地球环境的历史［M］. 张新，王兆润，译. 北京：电子工业出版社，2013.

哲学，而是历史上第一次复杂文明的建立没有依靠汗流浃背的奴隶
或苦力，而是主要依靠非人类的劳动"①。农业社会发现并开采铜矿
满足了人类社会活动对铜质工具不断增长的需求。但是铜质工具和
铜制武器硬度不够，不能保持锋刃的尖利，低温退火技术应运而生，
使生产工具和兵器坚硬且不易脆化。这项技术之后工匠又发明了浇
铸熔炼铜的方法，最后工匠通过把铜和锡按一定比例融合在一起，采
用铸造技术发明了青铜，为世界文明增添了浓墨重彩的一笔。《全球
通史》的笔者斯塔夫里·阿诺斯说："蒸汽机的历史意义无论怎样夸
大也不为过。蒸汽机的出现使人类实现了机器化大生产，掌握蒸汽动
力就实现了工业生产的革命。"② 蒸汽机促进了社会生产力的巨大变
革，增强了改造自然的能力，纺织业、采矿业、冶金业、机器制造业
等各种经济活动得到空前发展。在第一次技术革命的推动下，19 世
纪中期发生了第二次技术革命。以电动机、内燃机的发明和应用为标
志，推动了生产技术由一般的机械化到电气化、自动化转变，不仅动
力强大而且能够远程传输。特别是电的发明使工业文明从原来的
"蒸汽时代"过渡到"电气时代"，由以轻工业为主过渡到以重工业
为主的时代。第二次世界大战之后，以电子计算机、信息技术为标志
的第三次技术革命发生了。这次技术革命不仅以电脑、生物工程、空
间技术和海洋开发等新兴技术群为标志，而且性质也有所不同，如果
说前两次技术革命是人手的扩展，那么第三次革命则是人脑的扩展。
而现在人类正经历着第四次技术革命，即利用信息化技术促进产业
变革，智能化时代已经到来。

---

① Lynn White. Medieval Religion and Technology：Collected Essays. Lynn White, Jr. ［J］.
Isis, 1979, 70（4）：63-64.

② ［美］斯塔夫里阿诺斯. 全球通史［M］. 董书慧，王旭，徐正源，译. 北京：北京大
学出版社，2006.

通过三个文明阶段的关键技术变革，可以看出生机盎然的世界绝不是开天辟地以来就始终如一存在的，它是人类文明发展的产物，是世世代代实践的结果。人类应该通过自己有为的活动科学合理地干预自然，才能创造既符合人类发展也适合万物生长的美好世界。

（三）人类社会文明不断提升

环境问题背后隐藏的事实是社会化文明的进一步提升。事实上，每一次大规模物质产品的出现与丰富都表明了古代文明中生活的进步与社会分化。例如，世界上古老的文明都经历了石器时代、铜石并用时代、青铜器时代和铁器时代。以中国为例，古老的块范铸造技术在奴隶社会时就已经达到了登峰造极的地步。青铜器在中国古代鲜明的生活和精神体系中起着举足轻重的作用。没有青铜器就不可能有夏商周以来文质彬彬的贵族等级制度和先秦时代独具特色的权利表达系统。中国古代文明体制的核心，"礼、乐征伐自天子出"，"国之大事在祀与戎"[①]，无不与青铜文化有着千丝万缕的联系。再比如，面对不断恶化的环境，人们并没有灰心、沮丧，反而更加关注生活质量、公共服务和心理健康，并配以一系列社会文化改革。我们现在城市规划中的基本思想和方法都是在应对环境问题时产生的。早在19世纪50年代，欧美绝大多数工业化国家开始给主要的街道铺路、命名，增加煤气灯，给房屋编号。普遍采取将居住区、工作地点和娱乐区域分离，以减少噪声、拥挤和污染对居民的影响。为了提升人口素质、增强人的身心健康和获取审美愉悦，博物馆、图书馆和健身锻炼的公共文化场所普遍出现。为减轻火灾隐患，砖瓦建筑取代了带有茅草屋顶的木质房屋。以中国为例的传统古建筑文化中，无论是辉煌的

---

① 胡平生 . 礼记［M］. 北京：中华书局，2017.

帝王宫殿还是原生态的民族村落，其建筑的防火功能与装饰技艺都彰显出古代劳动人民的聪明才智与高超的技术水平。

随着环境的恶化，生态因素开始纳入经济活动的考虑范围，而且地位越发突出。1377 年，一位伦敦盔甲制造商被邻居投诉了，主要原因是这位制造商在捶打铁块时发出的巨大声音影响了邻居休息，且房屋墙壁颤动明显有坍塌的危险。此外，铁匠铺中燃烧的海运煤散发出带有恶臭的烟雾弥漫到邻居的客厅和卧室中，对其身心造成了损伤。这次诉讼只是一个例子，未来数个世纪里城市居民频繁发出此类诉讼以挽救日益恶化的生活环境。虽然这一过程很漫长，但却加快了人类对环境保护的立法工作。20 世纪 70 年代末，美国威斯康星州开展了"环境十年"行动，目的在于倡导人们维护清洁的水资源、洁净的空气，使用绿色能源和可循环资源。1992 年 6 月，在巴西里约热内卢召开了联合国环境与发展大会，通过了《里约环境与发展宣言》，进一步促进了世界范围内对环境问题的重视与保护研究。直到今天，环境与人类可持续发展都是所有国家在大力发展经济时必须考虑的头等大事。

（四）人类道德水平不断提升

环境危机实际上也是人类对待环境的伦理道德出现了危机，许多环境问题与人类做出的伦理决策直接相关。如前文所述，早期工业资本家寻求最低的成本和最大的利润，他们对开矿给环境带来的土壤退化、地面沉降和地表堆积物视而不见，并标榜这是工业文明的进步。人类对自然的认知观念从敬畏—依附—征服—和谐的演变背后反映出的也是人类自身生态道德观念的转变。生态道德是人类作为实践主体在与环境的相互作用过程中逐渐进化完善而成的，是人类精神世界发展的内在需要。以下进一步采用发生学方法从主观认知分析人类生态道德发生的必然。

首先，道德作为人的存在方式其发生反映的是人与客观世界的关系问题。人是客观世界的主体，以人为中心形成的各种关系以及人所经过的历史路径构成了生活世界的全部，其中实践是人得以存在和自我实现的根本。人以什么样的实践方式存在就会创造什么样的生活世界。道德是指向人的生活实践，道德的产生与演变过程就是人对自身与世界关系的不断认识、调适和建构的过程，也是人类自我认知、自我实现和自我成就的过程。

其次，道德作为人的观念世界，发生问题的实质是探究人类心理意识和伦理观念的产生。道德观念并非全部遵循皮亚杰所设计的认识发生的阶段性，但不代表道德的起源和发生无规律可循。事实上，道德的起源与发生有着圆融自在的内在动力，就是对生命实现的渴望，追求生命的圆满。正是这种生生不息的创生精神推动着人类进行不竭的道德实践。

再次，人类的活动遵循两种尺度：一是外在真理尺度，二是内在价值尺度。前者意味着人类应该认识客观规律并按规律实践。后者表明人类会按自身需要去选择生活。道德作为人类的精神世界和实践方式，从产生之初就天然具备了这两种尺度，故而人类不可能跨越历史场域和客观环境去无限制地创造和发展道德。生态道德的发生与发展就是人类对历史经验和实践经验进行的当代价值审视和判断的结果。

最后，道德在不同社会有不同的特点和形式，也随着时代的变化而变化。在不同的时代，对人的价值和意义的判断标准是有差别的，所以应当根据时代的需要提出新的道德标准，制定新的道德规范以调节和约束人们的行为。从历史上看，随着人类文明的进步，道德关怀的对象和范围不断扩展。在原始社会，道德关怀的对象仅限于本部落的成员。在奴隶社会，道德关怀的对象仅限于奴隶主和平民。中世纪的欧洲人认为，道德的对象范围应扩大到所有的基督徒。近代初期欧洲人认为，道德仅指向欧洲白种人，今天道德关怀的对象已空前广泛，不仅包括了全人类，而且正在突破人类圈，逐渐扩大到动植物及整个生态系统。就像阿尔伯特·施韦泽所说："人们曾经认为那种把黑人视为人，并要求人道地对待他们的观念是荒谬的。这种曾被认为荒谬绝伦的观念现在已经变成真善美的真理。"① 由人际道德扩展到生态道德是人类文明史上的重大转折，生态道德的确立有助于结束人与自然数百年来的敌对状态，也是人类对自身的创造和超越。

二、文明虽然向前发展，但更要看到环境危机背后是人类自身无法调和的矛盾

（一）工业文明发展的内在矛盾

首先，工业文明在创造辉煌成就时所使用的资源是不可再生的。即作为燃料的矿石能源和作为原料的矿产资源在地球上的储存量都是有限的。在我们所能预见的时间内，科学技术还无法把这些资源用人工的形式再生出来。这些作为工业文明基础的资源告罄之时，便是工业文明自身灭亡之日。

其次，工业文明的生产模式属于"线性"生产，即"资源——产品——污染物排放"的单向流动的经济活动。生产过程的基本特点是使用的资源是物质与能量（煤、石油、矿物能源），以科学技术为手段（主要是物理的、化学的），在不依附于自然条件的工厂内进

---

① ［德］阿尔伯特·施韦泽. 敬畏生命［M］. 陈泽环，译，上海：上海人民出版社，2017.

行，生产过程以"高投入、高消耗、高产出、高污染"为特征。由于工业化进程加速所产生的污染物已超出了环境所能承载的范围和能力，而这一矛盾在工业文明自身发展中是无法得到解决的。

最后，工业文明所构建的日益膨胀的市场化体系也与地球资源的稀缺性产生了不可调和的矛盾。市场是工业文明存在的主要形式。市场经济是建立在以追逐利润为目的、以交换为中介、以消费需求为动力的基础上的，这必然会偏离人类经济生产的正常轨道，把高利润和高消费当作人类生产的终极目的。这就使工业文明运行的方式存在严重的悖论：一方面，它面临的是人们消费欲望的无限性和地球资源有限性的矛盾，要求人们减少不必要的消费；另一方面，为了追求更大的利润，却置这种矛盾于不顾，不断地用各种方式刺激人们的消费欲望以拉动经济。这种建立在消费拉动型经济基础之上的市场经济也是不可持续的。

（二）环境危机既是科技危机也是科技价值观危机

环境危机的产生不仅是科技自身的局限性，也与人们历史中形成的不恰当科技观直接相关。

首先，科技自身的局限。表面上看，科学是真理性的知识体系，技术只是人类改造自然的一个中性工具，科技本身不存在对自然的利弊，对自然的破坏完全是人们滥用了科技的结果。然而实际上科技对环境、资源的加速消耗，对生态平衡的破坏是科技本身的局限性所致。科学不是对真理的绝对正确认识，科学认识是一个循序渐进的过程，它所获得的是具有相对真理性的知识体系。有时候获得的仅是局部的物理、化学规律而非全面的生态学规律。运用这样的规律改造自然，虽然符合物理的、化学的规律但不符合生态学规律，有可能造成对自然的进一步破坏。技术是人类借以改造和控制自然的包括物质装置、技艺与知识在内的系统性操作，是一种人类达到目的的手段或工具体系。但是技术往往只拘泥于自然规律的某一方面而忽略了其他方面，违反了自然过程的流动性、循环性、分散性、网络性，割裂了技术活动与自然生命和社会系统的统一，从而造成环境破坏（李洁，2007）。不管是文明早期还是文明发展的当下，都可以看出技术有其自身的局限性。例如，书中写到的现代与早期的水利工程，某种程度上他们的建设都是以某些自然、社会、土地、水资源为代价的。早期的水车因为不能依靠变幻莫测的天气来维持河水流量的稳定，蓄水池、水库和大坝成为调节水车工作能力的主要方法，但与此同时改变了自然水流，扰乱了产卵鱼类每年的迁徙，破坏捕鱼权，引起淤泥淤积，阻断水流，从而引起上游牧场和农田洪水泛滥。现代海岸环境上的工程建筑如丁坝、防浪堤和防波堤，主要用于改善航道或阻碍侵蚀的发生。然而他们会干扰海滩泥沙的沿岸搬运，在这些建筑附近也会造成沉积和浸没，构成次生环境问题且不可避免。从另一个角度看污染，实际上是没有对自然资源进行充分利用，把资源用错了数量、用错了时间、放在了不该放的地方。例如，排放到空气中的二氧化碳多了就成了污染。但是炭和氧是重要的燃料、原料，若能收集将会有重大经济意义。水中的重金属含量高、有机物增加都是污染的表现，但是重金属是工业的原料，为什么成了废料、污染物，关键是我们还没有能力将其利用起来，之所以不能收集利用就是还没有开发出这样的技术。

其次，科技价值观的局限。文明发展的历史表明，每一次技术的开发应用都是为经济服务的，很少考虑环境代价，这样的技术观在实践中会产生两个方面的消极后果：一是科学技术研究在很大程度上是一种短视行为，常常与人类谋求幸福的长远目标背道而驰。二是在现代竞争中，科技成了紧缺资源，新成果一旦问世便急于应用于各个领域，反而使人类深受其害，如杀虫剂的使用。

最后，较之工业文明科技凌驾于自然之上的科技观，中国古代生态思想的一个重要特征就是把技术置于理论和道德的驾驭之下。道家以"天地与我并生，而万物与我为一"为世界观基础，以"人法地、地法天、天法道、道法自然"为基本原则，认为"好于道"则"进于技"，表达了道家认为理论、道德比技术更根本，对技术要采取限制性理解与应用的技术观（陈万求等，2009）。实际上通"道"之"技"是技术最理想的状态，具有自然性、自由性和物我化一性，使它能够克服技术的损害天然，受条件限制和对人类的利害同时并存的一般局限性（任俊华，2020）。然而绝大多数的"技"并不与"道"相通，有人为性、局限性和物我分离性的特征。人为性即人在其有限知识支配下的活动的不完善性。局限性即人为地将技术用于不适宜的条件之下，使技术表现出一种受条件限制的局限性。物我分离性即人为的技术只考虑人的利益而忽略物的利益，往往是在过分追求人的利益过程中损害物的利益而最终损害人的利益。

（三）资源的有限性和技术的局限性这一矛盾伴随人类发展与环境问题的始终

从早期的可再生资源到矿物资源再到依赖石油经济，每一次转变都面临资源的消耗殆尽和技术局限性的矛盾。天然气被誉为新技术时代的能量解决方案。与煤和石油相比，天然气的碳含量更低，氢含量更高，因此释放的污染物更少，对气候变化的影响更小。天然气含有丰富的甲烷，尽管甲烷是一种温室气体，但是如果将所有烧煤的发电厂变为烧天然气的发电厂，这将在全球范围内减少30%的碳排放量，但是目前技术还不能普遍达到。核能是新技术时代的另一种解决方案。这种能量不会产生二氧化碳排放，不会增加全世界的温室气体含量，而且其是所有已知燃料来源中具有最高的能量密度。但是只有当连锁反应本身不产生二氧化碳，宣称核电站不产生二氧化碳的说法才是正确的。而且采掘、提炼和浓缩铀矿石以产生可裂变物质，这一过程会对近地面和空气产生十分严重的污染。通过建立核增值堆，燃料虽然用之不竭但是会产生毒性很大的钚，而这些问题也是人类现在还无法根本解决的。现代科技正重新向可再生的风能、太阳能、电能寻找出路，但是这些资源有优势也有缺陷，我们还无法真正有效利用他们。风力是发展最快的可再生能源，德国和西班牙是风力涡轮机技术装备的世界领跑者。风力最能让人们接受的是："能量投入带来能量收益"。但是要用风力取代储量越来越少的石油和天然气，就需要在世界范围内安装数百万个涡轮机。仅在美国，预计到2030 年就需要大约 50 万个涡轮机以便克服由石油和天然气短缺导致的能源损失危机①。此外风并不能取代全球迅速发展的交通事业和农业基础设施。追本溯源，地球上所有的能量都来自太阳。尽管人们利用太阳能已经取得了一定进步，但是费用是一个主要障碍，因为将电能储存在一组电池中不仅笨重而且造价高昂。所以找到更有效的方法收集和使用来自太阳的能量仍是一项需要人类不断努力的科技事业。电也被认为是一种清洁能源，但是发电的燃料仍是旧技术时代的不清洁的矿物燃料。与石油不同，已知煤储量也许还能供几代人使用，但仍要从技术上节约能源，提高能量使用率并捕捉污染物。未来还是主要依靠矿物燃料，矿物燃料能量的消耗还将继续是大气污染的主要原因。

（四）人类自身生态系统进化的不完整性

由图 5.3 可以看出，自然界的生态系统都是由生产者、消费者和

---

① Paul Roberts. The End of Oil [M]. New York：Houghton Mifflin Harcourt, 2004.

分解者组成，三者缺少任何一方都会使生态系统变得不稳定。但是人类的生态系统基本是二元结构。人类是超级生产者、超级消费者，但不是超级分解者，环境问题、生态危机由此产生。

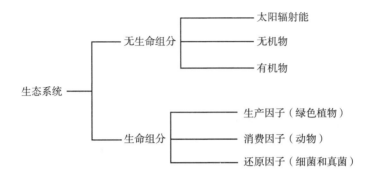

图5.3　生态系统组成

首先，人类是超级生产者。就人类之外的生态系统来说，每种生物的种群数量基本稳定，出生率很高，由于疾病、天敌、自然灾害控制等原因死亡率也很高，二者基本平衡。远古时期的人类社会也大致如此。"上古之世，人民少而禽兽众，人民不胜禽兽虫蛇"①。但是工业革命以来情况有了根本变化，科技的发展、医疗保险事业的进步都大大降低了死亡率，延长了平均寿命，而出生率变化不大。过去大型食肉动物都会对人类生命构成威胁，但是现在地球上已经没有什么是人类的天敌了，人口数量就此成几何倍数上升。为了养活更多人口，提高生产力水平，人类就要增加生活资料的生产和自然资源的消耗，于是人类成了超级生产者。作为超级农业生产者，出现了过度放牧、过度捕捞、过度狩猎、过度砍伐森林。同时大量使用农药、化肥、除草剂，造成土地贫瘠和食品污染。作为超级工业生产者，人类大量应用矿物燃料，同时释放大量废气、废水、废物，带来全球性生

---

① 出自《韩非子·五蠹》篇。

态破坏。特别是许多废弃物是自然界本身没有的，如 DDT、六六六、氯氟氢、玻璃、塑料等，它们难以通过自然降解进入下一个生态循环，环境污染便又重新出现。

其次，人类是超级消费者。人类的消费包括合理的、必要的，也包括奢侈性、浪费性消费。消费的过程是大量废物产生和环境污染的过程。田松博士说，现在所有的经济链条，从物质与能量转化的角度都可以看到它的输入端是自然界中的矿藏、石油、森林、煤炭、天然水体，终端便是垃圾，链条的中间环节则是现代文明生产。这个链条能够持续运转的前提是地球资源是无限的，总有可供堆放垃圾的地方，显然这是不可能的。

最后，人类不是超级分解者。没有超级分解者，人类生态系统就不完整、不稳定。人类生态系统是以自然生态系统为基础的，它所排放出来的垃圾只能交给自然生态系统的分解者。但是当工业规模不断扩大，人类对自然环境的破坏超出了自然的自我净化能力，使其处在不堪重负的状态，自然生态系统原有的平衡被打破，反过来就影响了人类的可持续发展。

第六章

人类生态文明实践之生态旅游

　　马克思的"人本"生态世界观在当代环境保护中有什么作用？如果没用，一堆空谈的理论是不会引起人们的兴趣的。事实上，在破坏生态环境问题上很多人都是明知故犯，但为什么知法犯法，显然是由于认识上的肤浅和只顾眼前不顾长远的观念造成的。这正表明了人们对法律只有外在的敬畏，没有内心的心悦诚服。要启迪人们深层次的"德性之知"，就要让人们真正认识到自身在现实世界中的主体地位，特别是在自然中的主体地位。生态问题上的"德性之知"一方面需要教化和启迪，唤起人们的"生态良心"，因为转变观念是改变态度、付诸实践的根本前提。另一方面，要从理论走向实践。生态文明建设便是生态伦理思想转化为生态实践的根本举措。我们必须寻找到一条新的生态文明建设之路，从认识论、方法论和技术手段三方面去探寻实现环境与经济社会协调发展的中国现代化模式，将生态文明建设贯彻到我们每项具体工作和日常生活中。2016 年，中共中央、国务院印发了《"健康中国 2030"规划纲要》，将"健康中国"上升为国家战略。旅游业作为健康中国战略下重要的健康产业，其发展预示着人们能够通过文化衍生的精神意义替代以往只有通过浪费、消耗、破坏达到经济增长的目的，继而为人类提供一种真正意义上人与内心、人与人、人与社会、人与自然可持续发展的生态之路。基于这一时代背景，本章将旅游业作为当前人类生态文明的具体实践场域，首先以生态旅游为研究视角说明旅游业开发的生态文明意义。其次从乡村全面振兴的目标出发，说明旅游业在推动生态文明建设中具有更高层次的时代价值。

第一节

生态旅游的生态性解读

生态旅游是旅游业对自身发展模式的反思，恰好也是工业文明向生态文明转型的关键期。生态旅游可以追溯到 1965 年，美国学者赫兹在分析旅游活动对自然和社会资源的不当利用造成的环境和社会负面效应时提出了旅游应对自然环境和目的地负责任的生态主张，这是生态旅游理念的萌芽。1973 年，加拿大森林管理处在其高速公路沿线推广生态旅游（ecotour），其所依托的旅游资源是公路沿线不同的生态地带，强调在旅行中关注环境的变化与美丽，这是早期生态旅游的一种方式。1980 年，加拿大学者克劳德·莫林在美国著名旅游学家豪金斯（Hawkins，1980）编著的《旅游规划与开发问题》论文集中发表了题为"有当地居民和社团参与的生态和文化旅游规划"的论文，首次使用了"生态性旅游"（ecological tourism）一词，主要针对乡村旅游开发中如何处理自然环境与人文环境的关系，并将其定义为"旅游者与风景、生态方式、气氛和风俗习惯为一体，且不破坏他们"的旅游行为，强调要在满足保护的前提下从事对环境和文化影响较小的旅游活动。1981年，国际自然保护联盟（IUCN）特别顾问谢贝罗斯·拉斯卡瑞首次使用西班牙语"Eurismoecologico"来说明生态旅游的形式，并于1983年第一次创造性地使用"Ecoturismo"以劝说保护北犹加敦湿地作为美洲红鹤繁殖地。1987年，在《生态旅游之未来》一文中写道："生态旅游就是前往相对没被干扰或污染的自然区，主要目的是学习、研究、欣赏这些地方的景色、野生动植物以及存在的和谐多样的生态系统价值的旅游"①。

一、生态旅游概念与生态旅游资源

关于生态旅游的概念，专家学者从自身研究的角度给予了众多解释，本书采用第一届东亚国家与自然保护区会议的定义："生态旅游应提供生态设施，实行环境教育以使旅游者能参观、理解、珍视自然与文化资源，同时不对生态系统或社区产生负面影响"②。生态旅游资源是指能吸引旅游者前来进行生态性旅游活动，并对他们起到环境教育与反思作用的自然物和富含生态蕴涵的人文事物。在保护的前提下能实现环境的优化组合、物质能量的良性循环、经济和社会的协调发展，能够产生可持续的旅游综合效益的活动对象。较之现代化来说，我国少数民族村寨和传统乡村具有的自然环境与乡土文化被视为极具吸引力的生态旅游资源。

---

①② 张建萍. 生态旅游 [M]. 北京：中国旅游出版社，2015.

二、生态旅游的四大功能

（一）旅游功能

生态旅游是对传统大众旅游的生态修正，没有改变旅游的本质属性。生态旅游的旅游功能依托其独特的生态系统：一是以自然美、生态美、艺术美为形式元素，组合为和谐的自然审美对象。二是体现了人类社会对生存环境适应与尊重的朴素且科学的生态理念。

（二）保育功能

保育功能是生态旅游区别于大众旅游的最大特点。原生的或人与自然和谐共生的生态系统的健康完整是生态旅游赖以存在与发展的基础。因此，保育生态资源使其健康与完整是生态旅游可持续发展的前提。

（三）教育功能

环境教育是生态旅游自然属性的高级形式，精品性的保证是生态文明建设实现的重要途径。生态旅游希望旅游者通过对目的地生态与人文系统和谐共生场景的深度体验，理解和感悟从而唤起内心对自然的敬重。因此，环境教育要贯穿始终。生态旅游中的环境教育包括三条线索：一是"关于环境的教育"，指人们为获得生态旅游的意义和相关环境知识所必需的知识；二是"通过环境的教育"，强调旅游者在生态环境中通过旅游活动获得实际的经验和环境知识，从而影响其态度、转变观念，最终改变行为；三是"为了环境的教育"，指环境教育的最终目的是达到人与自然的和谐共生（杨骏，2016）。

（四）精准扶贫功能

客观上讲，生态旅游目的地是地球当前存在的自然风光较好、生态环境保护较好，也多是经济相对不发达的地区。发展生态旅游，把环境作为一种资源来开发、利用，充分发挥旅游带动人流、物流、信息流等各种资源的优势，撬动地方经济和社会发展。通过科学合理地发展生态旅游，让人们意识到"绿水青山就是金山银山"（吴章文和文首文，2013）。

三、生态旅游的三大重点

（一）生态旅游是依赖当地良好生态系统的旅游

生态系统包括自然生态系统和社会生态系统。原生的自然景致以及人与自然和谐共生的原生态文化都是生态旅游的对象。旅游者通过他们来感悟人与自然和谐的生态意蕴。

（二）生态旅游强调保护当地生态资源

其保护内涵有三个层次：第一是保护的对象，包括保护自然生态系统和保护原生态文化，如民族文化、农耕文化等。第二是谁来保护。理论上一切受益于生态旅游的人和主体都有责任保护，如旅游者、旅游开发商、相关政府部门、社区居民等。第三是保护的动力。动力源于利益，但是各利益主体的受益方式、程度和动机不同，决定了保护动力大小的差异和生态旅游能否可持续发展。这一内容是本章的重点，将在后面进行实证研究。

（三）生态旅游强调社区受益和社区参与

生态旅游除了是一种提供旅游体验的环境责任型旅游外，也有繁荣地方经济、提高居民生活品质、尊重与维护当地传统文化完整性、实现城乡一体化的重要社会功能。在实际以旅游收入为社区谋利的方式中，一些地区将一定比例的旅游经济收入投入到对社区的贡献中。如美化社区环境、铺设道路、兴办学校等公益事业。为社区谋利的最佳模式是社区参与旅游开发。大众旅游与生态旅游的区别如表6.1所示。

表6.1　　　　　　　　大众旅游与生态旅游的比较

类型	大众旅游	生态旅游
总特征	发展速度快、无控制、短期	发展速度慢、有控制、可持续
发展目标	以经济利益为导向，利润最大化	价值导向、适度的利润与可持续的生态系统、人类生态文化的走向
价值取向	资源开发	关爱生命、保护生态
旅游主体	普通大众旅游者	旅游利益相关者（社区居民、旅游者、政府、经营者、非营利性组织、开发商）
旅游功能	享受、愉悦、放松	满足旅游者回归自然，了解多样性文化的需求；促进生态系统保护；促进社区发展。表现为拉动经济、扶助弱势群体、维持资源永续利用。出发点和最终目标是生态、社会、经济三者的协调统一
旅游者动机	增长见识、追求旖旎的自然风光、文化探寻、猎奇、逃离与放松	热爱自然、珍视生命、追求人与自然的和谐
旅游行为	群体规模大、舒适性强、与社区交流少、喧闹、游者主要以消费主体的身份出现、参与性和互动性较差	群体规模小、自主性强、与社区交流多、安静祥和、注重旅游行为的个性化、生态化和参与化、旅游过程也是一个接受环境教育的过程
受益者	政府与开发商显著受益、社区居民被排除在利益之外、环境代价高	利益相关者均受益，但特别强调社区是受益主体
管理方式	以市场为导向、造梦式广告宣传、分片儿分散式项目管理、交通方式和游客行为约束少	环境保护是基础、有条件地满足游客需求、有计划地满足空间与时间安排、科学选择低碳环保的出行方式、环境教育贯穿始终

续表

类型	大众旅游	生态旅游
对社区的正面影响	区域经济效益显著、创造就业机会但注重短期利益、促进交通、娱乐和基础设施的改善、丰富社区文化生活	创造持续就业机会、促进经济持续发展、交通、娱乐和基础设施的改善与环境资源保护相协调。经济、社会、文化和生态效益协调发展
对社区的负面影响	高密度基础设施、土地利用问题、环境污染、文化涵化、社区与旅游者冲突不断	尽可能地将各类负面影响降至最低

资料来源：笔者自行归纳整理所得。

四、生态旅游环境管理的五种手段

环境问题是生态旅游研究的核心，目前对生态旅游的环境问题主要从以下五个方面进行管理（见表6.2）。与旅游生态环境保护有关的法律法规体系如图6.1所示。

表6.2　　　　　　　　生态环境管理的五种手段

类型	含义	类型/模式
行政手段	旅游业各级环保机构在国家法律监督下，运用国家和地方政府授予的行政管理权进行旅游环境管理。通过制定政策、规章制度、管理条例以及下达任务等方式对经济环境活动进行控制和协调	①国家标准、行业标准、规章制度及文件；②行政命令、决定、公告；③政策、倡议、信息舆论引导
法律手段	指通过法律形式来调节管理机关和旅游业环境当事人之间的关系，进行环境保护的手段	①宪法；②综合性环境保护基本法；③专门法律、规章；④相关法；⑤国际公约
经济手段	旅游环境管理的主要经济手段是税收	①旅游税；②资源税；③绿色税；④运行保证金制度；⑤抵押—返还制

续表

类型	含义	类型/模式
生态旅游环境教育	1972 年 6 月 5 日至 16 日，在瑞典首都斯德哥尔摩召开的联合国人类环境会议上正式将环境教育"environmental education"的名称确定下来。1975 年 10 月，国际环境教育大会发表了《贝尔格莱德宪章——环境教育的全球框架》	①政府干预模式；②LNT 教育模式；③不同教育主体，如环保组织、导游人员、科研人员等；④媒体
生态旅游规划	生态旅游规划是根据旅游规划与生态学的观点，以可持续发展为指导，通过对未来生态旅游发展形式的科学预测，将旅游活动与环境特征有机结合，将旅游活动在空间上合理布局，寻求旅游对环境的保护和对人类福祉的最优方案	旅游发展规划、旅游区总体规划、旅游区控制性详细规划、旅游区修建性详细规划

资料来源：张建萍. 生态旅游［M］. 北京：中国旅游出版社. 2015.

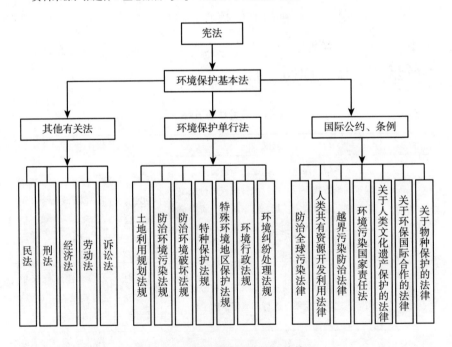

图 6.1 我国旅游环境保护法律体系

资料来源：张建萍. 生态旅游［M］. 北京：中国旅游出版社. 2015.

第二节

西南少数民族村寨生态旅游开发研究

生态文明建设一定是在具体的时间、空间内，有针对性地解决具体问题。因此，与其说生态是一个专指人所居住的客观自然环境的总和，不如说它是具体到某个人群与地域，由这些人群依据自己积累的生活经验与自然发生的各种各样的关系，以及由此形成的相关经济、技术、知识、制度、信仰的总和。基于前期研究的基础，书中将西南少数民族村寨作为具体的生态系统进行研究，以期客观、真实地反映生态文明建设在当前民族村寨生态旅游开发中的价值体现、内在矛盾与可行性路径。目的在于通过生态旅游的发展说明生态文明建设是一个不断完善、不断发展、不断探寻的过程，在这一过程中是人们生态文明意识与生态建设能力的增长与成熟。

一、民族文化旅游资源的生态价值

"原生态"作为一个受生态科学发展启示而新生的文化名词近年来广为盛行。书中借用生态学中"原生态"的含义将原生态文化定义为：发生在农业产生的早中期，人类为适应自然而创造的相对自然的文化形态。这里的"相对自然"包括三个方面：一是对自然的自然适应。人类按照自然的方式来安排生活，自然为人类生活提供范式。二是生活的自然状态。人类整个生活形态、节奏、向度都与自然节律相适应，舒缓从容。三是文化的自然形态。文化虽然不会滞留在发生时的样态，但当前整个文化状态是自然的、未加雕琢的，表现出与自然生态最大限度的一致性。我国少数民族地区更多地保存了原生态文化（余达忠，2010，2011）。

在旅游业蓬勃兴起的全球化时代，充分认识利用民族文化旅游资源的价值有助于生态文明建设在民族地区的切实实现。民族文化最主要的呈现方式就是民族村寨旅游。全球化时代民族文化旅游资源的价值体现在：第一，民族文化是一种稀缺资源。这种稀缺性主要表现在文化形态上的稀缺和资源的不可再生性。原生态文化是早期经济活动的产物，主要是一种以手工劳动为主的自给自足的自然经济，这种文化形态与在现代经济环境下产生的现代文明有着巨大差别。对于生活在现代社会中的人而言，传统的生活已然成为历史的记忆不复存在，因此也就显得格外珍贵。第二，民族文化是差异性的资源形态。这种差异性体现在与现代文化的比较中。现代化是当今文化的主流形态，表现出更多的同质性。民族文化作为一种非主流文化有着多样性的显著特征，这种差异在现代旅游中具有强烈的吸引力。旅游本质上就是对差异化生活的体验。传统文化与现代社会之间存在着巨大的反差，能够为现代社会的人们提供一种全新的生命体验。第三，民族文化是一种活态性资源。这是其他旅游资源不具有的优势。民族文化不仅是一种历史遗存，同时还是一种依然延续的生活方式，是与人的生命实践、存在形态、现实生活紧密联系在一起的。这种活态性使得旅游者可以参与其中，获得全方位、立体化的生态体验。第四，民族文化是一种地域性资源。一是这种地域往往是一些相对偏远、闭塞、仍然较多保留传统生活的地区，如诸多少数民族地区。二是这种地域往往具有一种象征意义，是某种文化或某个族群的象征。作为地域资源的民族文化在将旅游作为一种文化实践时，这两个特征的价值越发突显出来。作为地域符号和族群符号的民族文化正是人们体验更多生活、寻求生命回归的理想境地。第五，民族文化体现出人与自然和谐相处的生态伦理思想和生态美。文化是人类适应自然、改造自然的产物，特定的环境因素塑造特殊的文化特征，因此地球上会形成多种多样的"文化核心区"或"生态文化区"。人们理解环境的方式决定了人与环境的互动方式，即人类文化适应环境的同时也在影响和改造环境。民族的原生态文化就是各少数民族长期创造的历史、地理、风土人情、传统习俗、生产实践、生活方式、文学艺术、行为规范、思维方式、价值观念、宗教信仰等的综合体，与其所处的特定自然环境息息相关（罗永常，2009；杨骏，2015）。

二、基于增权效能的民族村寨旅游开发

民族地区开展生态旅游是当前生态文明建设从理论到实践的有效探索。民族原生态的资源已成为后现代社会重要的人文景观，民族旅游也被视为一种能够体验异文化而被选择的有意义的生活实践，它改变了以往以资源消耗和浪费为主的生活方式，取而代之的是精神意义和文化层面上的追求，是现代都市人的诗和远方。民族旅游开发的生态性主要体现在民族群众经济效益的提升、文化认同（多样性）的实现、生物多样性的完整、生态景观的美化、良好的社会风尚。那么如何才能使民族村寨旅游真正走向生态化、可持续化，充分彰显人与人、人与社会、人与自然和谐共生的美好意境，本书将从社区增权这一新的理论角度进行分析。

墨菲（Murphy P. E.，1985）在《旅游：社区方法》一书中正式从社区角度研究旅游发展中居民的参与问题，尝试通过居民参与推进旅游的可持续发展。1997年，世界旅游组织与地球理事会颁发的《关于旅游业的21世纪议程——实现与环境相适应的可持续发展》中明确说明社区参与是旅游可持续发展的有效途径，确立了社

区参与理论的现实意义，此后在国外旅游发展中得到了广泛应用，其中就有旅游扶贫。英国国际发展局为此提出了"有利于贫困人口发展的旅游"的"PPT"理念。民族村寨旅游发展中引入社区参与有其产生的客观原因。如前所述，旅游业发展在带来经济效益的同时也产生了诸如环境污染、生物多样性被破坏、认同危机、旅游收益分配不公、社会风尚下降等一系列生态问题。而居民被动承担了这些负面影响，没有获得应有的权益和补偿，这其中有社区自身建设和人的能力问题，也与旅游发展的观念与方式有关。而这样的发展结果就会出现多克西现象，即居民对旅游发展的态度经历欢喜、平淡、恼怒、对抗四个阶段后，便走上了一条和生态文明建设背道而驰的道路（陈志永，2015）。针对以上问题，社区参与旅游方法从理论上讲最大的益处在于村民高度自治、全民参与、全程共管资源、共享经济收益，文化认同增强、内生发展能力得以提升，有利于可持续旅游的实现。但是我国社区活动发展远没西方成熟，虽然已经有了比较成功的旅游开发案例，但经过几十年的发展，与生态旅游要达到的可持续目标还有很大差距。此外，社区参与在理论基础和可操作性上均有较大的局限性和特殊性。

增权理论于 20 世纪 80 年代在西方国家社区研究中盛行。起初是为社会工作提出，重点关注如何提高弱势群体的权力和社会参与度。1976 年，美国学者巴巴拉·所罗门出版了《黑人增权：被压迫社区的社会工作》，从种族议题率先提出这一概念。随着学科交叉性增强，增权理论扩展到了旅游领域。权力、去权、无权、增权是增权理论的核心概念。权力是指"权力关系中各方争夺或获取某种竞争性资源的现有或潜在能力"。去权则指社会中某些群体的权力被剥夺。无权是一种状态，表现为权能的缺失和无权感。无权往往导致弱势群体沦为"烙印群体"，使他们认为自己缺乏足够的力量去改变现有的生活。这种自我贬低内化并整合进个人自我发展过程中会形成无权感。要扭转这种无权态势，以参与、分享、控制会对弱势群体生活造成影响的事件，增权就显得十分重要。"增权"的价值在于帮助、指导弱势群体通过行动去增强调适的潜力及提升环境和结构的改变，通过社区计划和政策为群众提供平等的接近资源的机会和能力，努力营造一个公平、正义、和谐的社会。对这一概念的理解要把握两个基本含义：第一，增权是一个动态过程，而不是一个具体的可以给予的东西。增权的过程既是个人的也是集体的。第二，增权的根本目的是对内在能力的确认和实现自立自强的行动方式。增权是通过个体、组织和社区3个层面来共同实现的。个人层面的增权集中在发展个人权力感，途径是参与社区组织。组织层面的增权强调使个人获得更多影响他人能力和技术发展的权力，过程包括集体决策和共享领导权。社区层面的增权强调社会行动和社会变革的目标，其过程包括接近、使用政府和社会资源的行为。社区增权是对社区诉求的补充和细化，完善了社区参与理论，提升了社区参与的有效性。最早认识到权力关系在旅游发展中的重要性的美国学者皮尔斯，于1996年时指出"在关于社区参与旅游发展的决策的任何讨论中，权力及其影响问题都是一个决定性因素"。2002年，澳大利亚学者索菲尔德在《增权与旅游可持续发展》一书中深化了旅游增权的含义。他指出，任何政策的制定都是技术与政治过程的结合，发展并非只是技术性的，发展不可能超越政治。任何关于旅游的发展理论分析都应该包含政治与权利的关系。并以南太平洋所罗门群岛旅游开发为例，论证以往社区参与都是单向度的被动参与过程，居民本质上是"无权"，才会导致很多社区参与旅游发展在实践中的失败（左冰，2009）。因此，通过引入权力关系于社区参与中，将社区参与的内涵拓展至社区增权能凸显社区在旅游发展中的主体地位。在少数民族贫困地区旅游开发背景下，若能够增强民族村寨在旅游开发诸事务中的控制权、管理权、利益分配权等众多强调社区在旅游发展方面重要作用的权力，将有助于民族村寨从被动参与转向主动行为，有利于平衡并实现各方权力主体的诉求，形成新的均衡的权力关系，保证当地居民利益最大化并能部分地控制旅游在地方的发展。因此，增权理论是探索民族村寨生态旅游可持续发展的一个重要的理论与实践相结合的方法。

三、民族村寨居民旅游增权感知评价指标体系的构建

（一）确定增权指标的依据

对民族村寨旅游增权指标的确定基于四个方面的信息来源：一是国外学者对增权理论的研究成果；二是国内目前民族村寨生态旅游发展的客观经验；三是参考叶敬忠等关于农村发展中公众参与问题讨论的若干理论；四是目前国内专家学者普遍认同社区参与旅游的表征要素。因此书中在确定民族村寨旅游增权评价指标时将关注点集中在以下 7 个方面。

1. 对资源的利用和控制

社区居民对资源的利用与控制不仅是他们获得决策与选择权、参与利益分享的前提和基础，同时也是鼓励社区居民参与旅游开发建设、兑现承诺与作出应有贡献的重要劳动力条件。资源利用与控制权的缺失将会使居民的参与停留在"出席"上，无法在文化资本化的旅游发展中获得令人满意的收益。民族村寨旅游实际上是利益相关者对现有利益格局的再分配与再调整的过程。民族村寨旅游开发要探寻让社区居民获得甚至是更多获得对资源的利用和控制的权力。

2. 决策与选择过程介入

民族村寨旅游开发包含的内容多样化。如基础条件分析、问题分析、开发潜力分析、确定发展目标、旅游项目实施与评估、过程监测等。因此民族村寨旅游开发是一个不断决策、不断选择的过程。在每一次决策和选择中都会涉及不同利益主体，如社区居民、地方政府、外来公司、非政府组织、专家学者等，他们在旅游发展中发挥着不同作用，对发展决策和过程有着重要影响。但是目前绝大多数村寨旅游成为少数强势主体合作程度和政治业绩的展示，社区居民被排除在外甚至被边缘化。

3. 利益分享机制

民族村寨文化的鲜活性和以人为主体的建构性以及产权的激励机制，决定了民族村寨旅游开发中要依托村民为载体来表征文化，自然就对制度设计产生了内在约束。即民族群众是旅游产品开发的主体，也必然应成为文化资本的利益主体。这是民族旅游社区与大众旅游目的地的根本区别之一。在我国西部广大民族贫困地，旅游业是当地经济发展的主导力量，甚至是唯一有效的途径。假如利益分享没有在民族群众身上得到切实体现，也就不要期望民族群众积极参与旅游发展，主动保护赖以生存的环境资源。

4. 社区承诺与贡献

社区还应尽可能对村寨旅游开发作出自己应有的承诺与贡献，要对自身所依赖的环境有强烈的责任感，关心社区教育、文化医疗与公共事业。

5. 自身能力建设

除了外在因素，社区居民自身能力是影响旅游参与效果的重要因素。社区参与要求居民具有一定的知识水平和技能来从事相关旅游活动。2012 年，国务院扶贫办制定的《中国农村扶贫开发纲要》

中将连片特困地区居民能力建设列为规划的重要板块。因此，参与式发展的重要目标还包括社区居民通过参与旅游项目不断学习，接受培训，提升服务技能、经营管理水平和对旅游发展的认知能力。

6. 社区自组织能力

自组织是指建立于自发性、自由性和自愿性基础上的群体社团，是相对于政府外在强制性、行政性组织方式而言的。少数民族地区至今仍有不少关于村寨自我管理和社会秩序维护的内容，如村寨组织、村规民约、宗教和信仰。这些都是民族村寨社区参与旅游发展中解决内部纠纷和处理社区矛盾不可替代的资源。充分发挥传统管理资源的优势，有利于社区内部的和谐共处与村寨旅游的可持续发展。

7. 传统生态知识的应用

伯克斯等（Berkes et al. , 2000）将传统生态知识定义为是知识、实践、信仰的累积体，是在不断调适过程中演化出来，并在文化传播中通过代际传承进行延续，是有关生物内部之间及与环境之间关系的知识（卢之遥，2011）。传统生态知识是从精神方面对人们的日常行为加以引导约束，影响资源的保护与利用。建立在科学技术和社会经济基础上的现代生态保护管理体系不能完全取代传统知识体系的地位和作用，民族村寨旅游作为生态旅游的主要表现形式应充分发挥传统知识在生态环境保护与管理中的特殊功能和作用。

（二）四个维度及说明

基于上述 7 个关注点，本书在斯基文思四维增权框架基础上作出进一步改进，结合民族村寨生态旅游的特点也相应确立了四个增权维度即经济增权、文化增权、政治增权和社会增权并作相应解释说明（见表6.3）。

表6.3	增权指标的四个维度
维度	解释
经济增权	研究居民的获益能力及旅游收益在一定区域内不同利益主体之间形成与流转的过程
文化增权	意味着在外来旅游者的"凝视"中，村民逐渐认识到自身传统文化与生态资源的现代价值，对本民族文化产生正面认同并主动参与到旅游开发与民族文化的传承中
政治增权	这一维度中信息通畅是关键。意味着居民的诉求和利益更具有广泛的表达渠道和完善的伸张机制
社会增权	社区的凝聚力和自豪感因社区所从事的旅游活动而得到确认和加强，整个社区的自然环境和居民的精神状态呈现出良好的生态文明新气象

资料来源：Scheyvens R. Ecotourism and the Empowerment of Local Communities [J]. Tourism Mangene，1999，20：245 – 249.

（三）民族村寨居民旅游增权感知测量指标体系构建

民族村寨居民旅游增权感知测量指标体系如表6.4所示。

表6.4			民族村寨居民旅游增权感知的测量指标体系
一级指标	二级指标	三级指标	四级指标（评价因子层）
社区居民对旅游增权感知强度	经济增权	增权	促进地方经济发展
			增加就业机会
			增加居民收入
			居民生活水平提高
		去权	不能分享旅游带来的收益
			因缺少资本或技能难以找到合适的参与途径
			旅游仅带来了少量、间歇性收益
			大量资本流向政府、开发商和地方精英
			贫富差距逐渐拉大
			生活必需品价格上涨
	文化增权	增权	传统文化与生物多样性得到外部肯定
			文化通过解构、建构与重构获得市场认可
			村民主动传承文化遗产
			文化认同得以实现
			人与自然和谐的生态意蕴彰显
			居民受教育程度普遍提升

续表

一级指标	二级指标	三级指标	四级指标（评价因子层）
社区居民对旅游增权感知强度	文化增权	去权	文化间的交流、碰撞产生文化涵化
			受外来价值观念的影响，传统文化的神圣性下降
			传统文化中的生态价值被忽视
			文化景观被破坏
			对社区旅游发展感到沮丧悲观
	政治增权	增权	与旅游相关的组织代表了社区的利益和诉求
			相关组织为村民提供了就旅游可持续发展的交流平台
			村民有参与旅游决策的机会
			社区居民有权力和机会参与旅游事务的管理
			社区居民有参与监督旅游事务的权利与机会
		去权	社区拥有一个专横或以自我利益为中心的权威领导机构
			社区基本没有权力控制或影响旅游发展的过程
	社会增权	增权	社区凝聚力不断提高
			部分旅游收益用于推动社区发展（修建学校、修建道路等）
			居民社会技能提升
			妇女地位提升
			社区精英起到良好的动员和示范作用
			现有社区组织仍对村民具有较强约束力
			传统社区组织在旅游发展中具有组织和协调的作用
			对资源的利用与控制程度低
		去权	因经济利益冲突导致村民间信任度降低，人际关系紧张
			社会秩序混乱，道德标准下降
			社区对旅游开发中生态环境的保护作出的贡献与承诺低
			村民自身能力建设不足
			村民的自组织能力被弱化
			因旅游产生的环境问题由社区承担

资料来源：笔者自行归纳整理所得。

（四）增权评价指标体系在民族村寨生态旅游发展中的实证研究

民族群众作为旅游资源的主人和旅游吸引力的重要组成部分，他们对旅游增权的感知效果在一定程度上可以反映旅游开发的实际情况。构建旅游增权评价指标体系的目的就在于采用科学的、量化的方法甄选出影响村民对旅游开发效果感知的重要因子。根据这些因子呈现的信息改进现有社区参与旅游的模式，凸显社区在旅游发展中的主体地位，使居民能够切实有效地获得旅游发展带来的益处，从而推动民族村寨生态旅游的真正可持续性。结合科研经历与部分研究成果，以黔东南雷公山乌东苗寨生态旅游开发为实证研究地，客观分析并深入揭示旅游增权理论在该村寨的应用与实现问题。

乌东苗寨位于贵州省雷山县丹江镇，坐落在海拔 2178 米的国家级自然保护区——雷公山西北向半山腰，全村共 104 户，457 人，全系苗族。该苗寨是部分苗族在历史上为躲避战乱从其他地区避居于此建设而成。乌东苗寨地理环境封闭，交通不便；生产条件恶劣，农耕面积有限；社会经济落后，人口素质低下。自然环境因素和社会经济条件制约着乌东苗寨的发展，2002 年之前都是国家级重点贫困村。2006 年，乌东村迎来了发展机遇，被确定为贵州省社会主义新农村"百村试点"之一。2007 年被中国景观村落评审委员会评为"中国经典村落景观"。2010 年，雷山县抓住黔东南州打造雷公山苗族文化原生态旅游经济圈的机遇，以"一山""两寨""一线"、一中心（雷公山、千户苗寨、郎德苗寨、巴拉河沿岸民族村寨一线、县城旅游服务中心）为重点，提出了旅游强县的战略目标，把生态旅游作为带动全县经济社会发展的后续支柱产业（余达忠，2011）。

笔者于 2017 年 7～8 月去乌东村进行实地调研并进行深入访谈，

针对乌东村生态旅游发展情况将设计的增权指标体系进行了初步修订，选取25项指标作为主测评项。采用SPASS软件对25项指标进行效度检验，得到指标相关矩阵间存在公因子。采用主成分分析法对25项指标提取公因子，其中7项指标因子载荷低于0.5，将其剔除。采用信度检验，结果证明公因子间内部一致性较高，能较好地反映18项指标（见表6.5）。

表6.5　　　　　　　　旅游增权感知度因子分析数据

公因子	指标名称	均值	因子载荷	特征值	方差贡献率
F1 文化增权	传统文化与生物多样性得到肯定	3.0567	0.823	2.98	16.876
	村民主动传承文化遗产	3.2160	0.803		
	文化认同得以实现	3.0218	0.798		
	传统文化的神圣性下降	2.9178	0.719		
	传统生态知识对环境的保护作用被忽视	2.6743	0.653		
F2 社会增权	部分旅游收益用于推动社区发展	2.8486	0.789	2.64	15.597
	居民社会生存技能提升	2.5345	0.756		
	妇女地位提升	2.5217	0.755		
	旅游开发中对环境的保护作出的贡献与承诺低	2.1321	0.623		
	村民自身能力建设不足	2.0145	0.536		
F3 经济增权	增加就业机会	2.9386	0.791	2.51	13.677
	促进地方经济发展	2.8753	0.786		
	居民收入增加	2.2145	0.773		
	旅游仅带来了少量、间歇性收益	2.7623	0.655		
	因缺少资本或技能难以找到适合的参与途径	1.9876	0.553		
F4 政治增权	居民有参与旅游事务管理的权利与机会	3.1278	0.775	1.87	10.245
	与旅游相关的组织代表了社区的利益与诉求	2.9065	0.689		
	社区基本没有权利控制或影响旅游发展	2.0123	0.661		

为综合反映乌东村民对旅游增权各项指标的感知差异，对涉及去权项的指标项进行正向转化，以便对村民旅游增权的感知进行加权平均，结果如图6.2所示，村民对旅游文化增权的感知最为强烈，

总均值为2.8089；对社会增权感知次之，为2.7961；经济增权仅排名第三，为2.5679；对政治增权的感知最低，为2.4521。

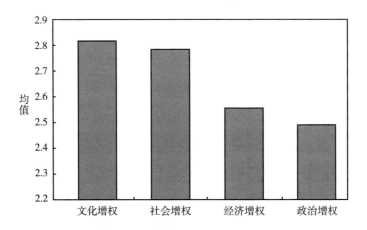

图6.2 乌东村居民对旅游增权项目的感知

为进一步知晓四个公因子影响村民增权感知度的具体程度还需要计算因子变量分值。

由因子得分表达式计算出各因子得分并标准化为百分制分别为：F1＝56.2、F2＝54.6、F3＝50.8、F4＝49.6。以各因子的方差贡献率为权重由各因子的线性组合得到综合评价指标函数的表达式如下：

$$F = (16.876F1 + 15.597F2 + 13.677F3 + 10.245F4)/56.395$$，将得分标准化转为百分制，最终乌东村村民对生态旅游增权感知度的得分为52.6。由图6.2、图6.3可以看出乌东村在发展生态旅游过程中虽然对文化增权的感知度最高，但是总体增权感知度与经济增权最相关，也证明了经济增权在四个增权维度中的决定性作用。实际上文化增权与经济增权也是目前民族村寨旅游发展中经常被讨论的生态文明意义实现的两个重要原因，也是国家大力提倡发展民族生态旅游的主要动因。根据这一结果将对文化增权与经济增权的实现问题作进一步分析。

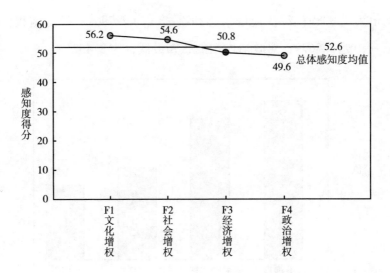

图 6.3　旅游增权感知度均值折线

四、文化增权与经济增权在民族村寨生态旅游发展中的矛盾运动规律

为了使阐述的逻辑更加清晰，借用布迪厄"实践理论"的三个概念分析工具：场域、惯习与资本，通过他们之间的互动揭示文化增权与经济增权是如何在民族村寨生态旅游发展中实现的。

第一组关系：场域与惯习。民族旅游依托的重要资源之一就是民族文化。民族文化在成员身体、思想及生活中的体现就是惯习。主观性的惯习和客观性的场域是"外在性的内在化"和"内在性的外在化"双重运动的过程。一个影响或威胁到文化存在的历史场域必然会影响和威胁到该场域内群体成员的文化认同。但是若能在该场域中提升文化价值或意识形态，也就能提升文化认同。旅游是全球化场域中人类最重要的社会文化实践，这种实践特别强调民族文化，文化认同容易实现。文化认同表面上是社会互动的结果，但它的动力来源却是生物——心理的。一方面，大量游客纷至沓来的目的是了解与现代化相区别的独具魅力的异质文化，这无形中使民族开始关注自身，文化在"他者"的眼光中容易实现认同。另一方面，由旅游引发的群体间大规模流动的同时也带来了现代文明与传统文化的碰撞。在文化间的比较与采借中，民族开始重新审视自己的身份与文化特征，这是一种关于现代化浪潮中自我文化独特性与稀缺价值的认知，文化的"自我"认同得以实现。文化认同也是对其产生威胁的场域的一种连续动力的适应过程。当个体产生认同危机的时候也意味着个体存在着行为动机来保护已经获得的认同，或试图重新获得一个新的、安全的认同。与全球化所代表的现代化相比，少数民族经济发展显得滞后，民族群众的生活水平相对低下。物质基础决定意识形态，舒适、安逸的生活应是人们共同的追求。贫穷、落后的现状是无法让人们花更多的时间和精力来关注民族身份、文化特质的，更不用说产生自觉维护、传承文化的意识。如果不能使作为文化活的载体的民族群众积极主动地传承文化，不能从心理层面上认同本民族文化，那么就很难在全球化场域中坚守住本土特性。

这就引出了第二组关系：场域与资本。场域与资本同样密不可分。一种特定资本总是在一定的场域中才有效。场域中的参与者与社会的联系就是以资本为纽带的，不同资本之间通过转换可以保证其扩大再生产。文化作为一种资本通过实践可以转化为更具规模的经济资本，从而保证自身的生长与延续。因此，在民族文化资源的范畴内确立资本的概念是很有必要的，这样才能让人们超越对民族传统文化表层意义上的认知，产生一种开发利用的自觉性。但是民族文化一旦呈现在旅游市场中就不再是民族文化的原生形态，而是成为一种新的、有偿有价的文化商品的再生形态，这是民族文化在现代商品经济背景下的过渡和转型。这种转型能直接带给民族显著的经济效益，改善民族当前生活的窘境，民族为了维持这种利益也会有意识地挖掘、开发、保护和传承文化，在这一过程中文化的地方性得以唤醒。位于贵州省黔东南苗族侗族自治州的上郎德苗寨就是一个很好的个案。从 1987 年发展旅游至今，上郎德的苗族文化不但没有退化变异反而得到了更好地保存与发展。在上郎德，过苗年的节日氛围比旅游开发前更浓，苗语仍然是他们主要的交流语言，苗族最具特色的文化标志"盛装银饰"，从旅游开发前村民只拥有 18 套增加到如今的 200 多套。旅游开发前会唱苗歌、吹芦笙的男性不足 1/3，而如今会唱苗歌、吹芦笙的男性占一半以上[①]。如今，上郎德在外打工的人也主要从事民族歌舞表演等文化活动，该例子很好地说明了民族旅游在推动传统文化复兴、民族身份认同和民族精神再建构中的积极作用。可见民族村寨旅游的生态文明意义之一在于通过文化增权使渐行渐远的民族文化在一定程度上得以复兴。通过文化商品化（增权）带来的经济效益激励着民族群众主动保护、发扬与传承民族文化，这一过程促进了文化认同的实现。笔者也同意这一观点，但更想说这是理论与部分现实关照下的美好结局。民族村寨旅游开发中文化增权与经济增权的互动过程远没有表面这么简单，背后有着深层次的运动规律（杨骏，2017）。

旅游场域中的"文化认同"不是僵死的、一成不变的，相反它具有多元嬗变性，是由旅游牵涉的多种社会力量和社会因素之间博弈与权衡的过程中最终以社会共识和社会协商为基础形成的特有的文化认同（翁家烈，2013）。在基于旅游场域中直接关联的最主要的两个权力主体——代表现代化的旅游者和代表地方传统的民族群众

---

① 余达忠. 原生态文化资源价值与旅游开发：以黔东南为例［M］. 北京：民族出版社，2011：300.

二者之间文化认同过程的分析得出一个基本观点：伴随着民族村寨旅游的发展，文化认同是在原生性与商品化的矛盾运动中实现的。先看美国人类学家克里福德·格尔茨（Clifford Geertz，2002）对文化的定义："文化表示的是从历史上留下来的存在于符号中的意义模式，借此人们交流、保存和发展对生命的知识和态度。"① 然而文化不仅是历史沿袭的符号传递，还是一种具有符号意义的建构行动。这一行动主要通过两条途径来完成：一是靠自身的创造，更新能力由少至多、由浅入深、由低到高地发展进步，缓慢却主动。二是靠外来文化的补充、丰富、启发、刺激，在与外来文化的摩擦、撞击、竞争、交流、融合当中发展进步，虽然是被动的却是文化发展的捷径。因此文化发生之初的原生状态是不存在的，我们所说的"原生"也只能是和现代化相比较的相对"原生"的文化。旅游就是民族文化在全球化场域中进行建构的第二条途径，是以文化商品化的形式出现在旅游市场中的，要符合市场运行的规律，这就直接影响文化认同的效果。原因在于旅游者大多来自经济发达的中心城市，更多的是与现代性和全球化相连。民族群众处于经济欠发达地区，更多的与传统性和地方性相连。他们的生活方式与所处环境之间存在着巨大差异，这种差异使两者对文化的态度、文化的审美及文化的领悟与需求是不一致的，这也导致了旅游世界中一个著名的悖论——"爱恨交织的矛盾性"。旅游者远离繁华都市来到边远民族地区，其主要目的就是体验其他民族舒缓、古朴、自然的生活方式，文化原生性对他们来说是很重要的。他们又是现代生活的享受者，讲求舒适、整洁的消费环境，现代化的设施、设备，甚至对演员的相貌、服装也要求较高。但民族地区真实的，甚至是艰苦的生活条件是他们不能接受的。如果在

---

① ［美］克里福德·格尔茨. 文化的解释［M］. 韩莉，译，南京：译林出版，2002.

旅游市场中百分之百地按照"原生的"文化来展示则不容易对现代游客产生吸引力。因此要遵循商品经济的运行规律，参照现代审美眼光和文化需求进行选择、包装。旅游者乐意认同的也就是这种经过改良的民族文化商品，只要这种改良符合他们心中"原生"文化的标准即可。图6.4和图6.5从两个方面解释了民族旅游过程中旅游者对传统文化"原真性"的理解，也对我们在民族旅游场域中如何更好地对传统文化进行增权提供了更为现实的理论依据。

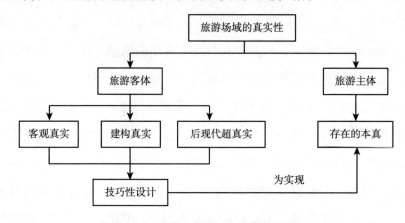

图6.4 旅游体验的"真实性"解读

资料来源：杨骏，席岳婷. 符号感知下的旅游体验真实性研究［J］. 北京第二外国语学院学报，2015（7）：34－40.

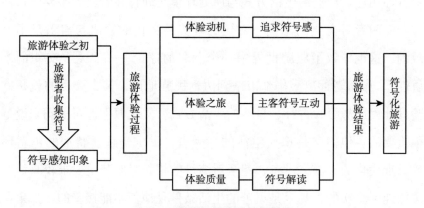

图6.5 旅游体验的符号化本质

资料来源：杨骏，席岳婷. 符号感知下的旅游体验真实性研究［J］. 北京第二外国语学院学报，2015（7）：34－40.

　　由文化商品化引发的经济增长更是激励民族群众为了维持这种利益而有意识地挖掘传统文化，构建新的文化符号，在全新意义上保留传统，在对外展示中传承文化，进而实现文化认同的根本动力。大量事实证明，凡能与市场建立互益关系的民族文化在现代社会中不仅找到了生存的土壤，而且有了更大的发展空间。因此，从某种程度上说，民族文化的盛衰与经济繁荣与否密切相关。也正因为如此，我们就更要通过经济的繁荣来促进文化的繁荣。费孝通教授说，一个民族要在发展中保持其特点，就必须利用民族特有的优势来发展经济，否则这个民族难免要衰亡或失去原有特征而名存实亡。旅游场域的出现有利于文化传统的保护而非破坏。而围绕经济利益实现的主要权力主体在旅游场域中有三个：一是政府部门；二是民族群众；三是外来资本（公司、企业）。但政府更多的是出于地区性的宏观经济利益的实现，有时甚至把经济增长视为考量政绩的重要条件。民族群众则希望借助旅游活动使个人收入大幅增加，二者在经济利益实现的目的上差异较大。而外来资本的介入更使得旅游收益不能有效惠及社区居民。如果民族群众的经济利益无法很好地实现或经济利益分配不公时，那么要想通过旅游来实现生态文明建设之路将很困难。事实上，在旅游社区增权框架内，经济增权本身就是文化增权、政治增权、社会增权的基础。而衡量民族村寨旅游开发合理的重要标准就是经济利益在民族群众身上的切实实现。这也再次印证了前面对乌东村的实证研究结果：经济增权与旅游增权感知度最相关的结论。同时也符合生态旅游的要点之一：精准扶贫。

　　我们再来看乌东村旅游发展中经济增权的实现。在发展生态旅游之前，乌东村的经济模式经历了传统农耕经济——伐木经济——外出务工，这三种模式无法改变乌东村经济落后的现状，而且造成生态困境以及社会的不和谐。通过发展生态旅游，乌东村的经济增权效果还是有一定的提升。主要表现在：一是对乌东村传统农业进行了生态化改造。旅游开发过程中引入参与式规划法，政府抽调部门精英，贵州师范大学专家入驻村寨，村"两委"组织村民开展"乌东村的优势与不足"等专题讨论。结合乌东苗寨自然和社会经济实际，从"茶""菜""畜"三方面谋划产业发展方向，做到既保护生态环境，又促进村寨经济又好又快地发展。采取"公司＋农户＋基地"的经营模式与村民合作，保证村民一年四季有稳定的经济来源。二是结合生态农业的发展，旅游业带动性强的产业特征日趋凸显，表现为村民通过向游客出售农产品、文化产品和手工艺品，开办农家乐等形式参与旅游接待与经营，农业产业结构得到调整，收益期延长，收入多元化，剩余劳动力得到有效转移。村民利用本地种植、养殖的农产品接待游客，既满足了城市旅游者对"绿色"产品的需求，增加消费额，又减少了流通环节，带动当地农产品等市场的发展，经济收入随之提升。通过访谈与调研发现，参与旅游接待与经营的村民普遍能够意识到依托雷公山良好的生态环境和与现代化相异的民族文化是旅游业赖以持续发展的根本。在此基础上有望建立起民族旅游开发与环境保护、文化传承相互促进的良性机制。

五、民族传统生态文化知识对旅游环境保护的重要作用

民族资源中有一种文化资源格外珍贵，但是在民族旅游开发中往往被忽略，这就是传统生态知识。他们对民族群众世世代代居住的环境起着重要的保护作用，要特别加强对这类文化的增权。与生态保护相关的文化国际上是以"传统生态知识"（traditional ecological knowledge，TEK）命名的，并作为专项主题进行科学研究已有 20 余年。法国著名人类学家列维·斯特劳斯认为，传统知识与科学知识这

两种认识方法是理解宇宙万象的平行模式，其关键区别在于"在两种模式下人们是从两端对物理世界进行认识的：一个是极端具象，另一个是极端抽象"（Claude Levi-Strauss，1973）。科学界的生态学属于抽象的传统，善用理论、模型和数字来概括各种变量，而科学之外人们日常生活中采用的传统知识体系是历史性的积累，体现在用符号语言表达的民俗和仪式中。因此，与其说两种知识水火不容，不如说两种知识是太极图所表达出的阴阳相生相长的伙伴关系。民族地区的历史发展实践证明，少数民族优秀传统文化（如宗教信仰、习惯法、传统习俗、民族文学、民间禁忌、民族医药学等知识体系）不仅能够促使该民族适应当地的自然环境，可持续利用自然资源，而且能够促进当地生态环境保护。传统文化中敬畏万物的生态伦理观念与生态文明尊重自然、保护自然、顺应自然、人与自然和谐共生的理念不谋而合，理应充分利用这部分文化价值保护自然环境。书中仅从民族习惯法来阐述这一问题，以期在民族村寨旅游中赋予村寨更多的文化权能，更有效地维护生态系统。

习惯法是人类历史上出现最早的、最悠久的行为规范，至今在少数民族地区有着重要影响。习惯法指少数民族社会组织为了维护民族内部或民族之间的社会秩序，根据生产生活需要，与成员共同约定的民族性和区域性行为规范。它根植于民族的内心深处，具有崇高的地位，并体现为自觉遵守。以苗族习惯法中的村规民约为例说明习惯法作为民族一种特定的环境行为规范在保护生物多样性、促进生物资源可持续利用和生态环境保护等方面具有重要作用。"议榔"就是苗族村寨进行集议，制定共同遵守的行为规范的立法组织。议榔最主要的职能是议定适用于苗族村寨发展的榔规条约，其中生态环境保护和自然资源管理是其重要的组成内容，规范着苗族群种在耕作、采集、狩猎、开发等方面的行为。基于前期参与合作的科研项目，书中选取了黔东南雷公山 4 个苗族村寨——西江、郎德上寨、乌东村和毛坪村，将其村规民约中与生物多样性相关的条款整理出来。由统计表可以看出，4 个村规民约中与生物多样性相关的条款占到了41.6%[①]，特别是乌东村有近一半的条款与生物多样性相关。这里仅举例说明，如对生物资源的保护与管理，乌东村村规民约规定偷采茶叶每次罚款 20 元，每斤赔偿 20 元。对稻田农作物的保护与管理，上郎德村规民约规定开春秧田或稻谷成熟期间，任何农户不得放自家鸡、鸭、鹅、猪羊窜进他人秧地，经劝告不听者每次罚款 20 元，并赔偿一切损失。在山林火灾防范上，毛坪村村规民约规定山火按面积罚款，每亩罚款 50 元，由施火者付，罚款交村委，失火者负责补种双倍树苗直至长成等。正是这些村规民约监督、约束着苗族村民对生物资源的获取和开发，村寨周围生物资源丰富、多样性程度高、环境优美，体现出良好的生态平衡。

六、对乌东苗寨生态旅游发展的实证研究得到进一步的认识与思考

第一，乌东苗寨生态旅游发展走的是政策驱动型发展模式。2006年，村寨被确定为贵州省社会主义新农村"百村试点"工程之一。政府争取各类项目资金 304 万元用于基础设施建设，包括进村油路改造、村寨主步道和分步道硬化，围绕房前屋后脏乱差等问题修建寨内排污沟和污水处理池，添置垃圾箱，完成芦笙场、芦笙长廊、风雨桥等[②]。基础设施建设及村容寨貌改善方便了群众的生产生活，成为乌

---

① 薛达元，等. 中国民族地区生态保护与传统文化 [M]. 北京：科学出版社，2016.
② 余达忠. 原生态文化资源价值与旅游开发 [M]. 北京：民族出版社，2011.

东村新农村建设的最大亮点，也是社区在旅游开发中最直接受益的项目之一。这表明对于地理位置闭塞、交通不便、生态环境脆弱、社会经济落后以及人口素质偏低的少数民族贫困地区，要在当地政府的支持、引导下，有效组织村民，充分发挥村民的自主性和创造性，建立适应区域特点、环境友好的经济发展模式才是当前民族村寨摆脱贫困、实现可持续发展的较好选择。生态旅游就是其中有效的实践途径之一。

第二，生态文明建设一定要"以人为本"。1982 年，贵州省人民政府批准在雷公山建立以保护国家珍稀濒危物种秃杉和秃杉林为主的珍贵植物及水源涵养型自然保护区。乌东苗寨虽然被纳入保护区范围内，但由于当时保护区的功能与目标仅强调恢复原有的生态环境，没有考虑保护区内居民的利益，引发了保护区和村民间的矛盾，砍伐禁而不止。2002 年，建立了雷公山国家级自然保护区，将乌东苗寨纳入雷公山生态旅游发展的整体战略中，保护区与乌东苗寨逐渐形成和谐共生的良性机制。

第三，旅游增权评价指标体系的应用与注意问题。在实证研究中，旅游增权评价指标体系的应用集中在两个方面：一是测评社区居民对各增权指标项的感知效果并分析原因（如本案例）。二是旅游增权感知在社区的空间分异问题。这种分异呈现何种特征，造成这种分异的原因何在，都需要做进一步研究。

第四，在具体应用这一指标体系时也要注意以下三个问题。

（1）民族村寨参与旅游发展的模式不尽相同。目前，我国民族村寨旅游开发中社区参与的主要形式有三种：社区主导型（如郎德上寨）、政府主导型（如西江苗寨）、旅游公司型（如天龙屯堡），不同的模式会导致社区居民对旅游增权感知的差异明显。

（2）除了视社区为一个整体外，必须正视社区居民内部的差异性，这种差异源于社区居民的性别、年龄、文化程度、家庭收入、参与旅游的方式等人口学特征，最终会导致对旅游增权感知效果的不一致。

（3）旅游发展是持续动态变化的，居民对旅游增权的感知效果会因核心力量导向变化、管理制度变迁、旅游发展阶段、居民自我能力提升等因素随之动态变化。因此，还要加强不同区域、不同文化背景及开发模式下社区居民对旅游增权的共时性比较研究以及对旅游发展演化的不同阶段的时间序列研究，才能从纵、横两个角度更有效地探析旅游增权效果。

第三节
宁夏回族自治区生态旅游对沙漠环境的影响研究

一、宁夏回族自治区沙漠旅游概况

宁夏回族自治区位于西北地区，内接中原、西接西域、北临大漠，属于典型的温带大陆性气候，常年无雨。特殊的气候条件加上地理环境条件，促成了宁夏丰富的沙漠资源。虽然沙漠并不是宁夏独有，但是在宁夏回族自治区有着其他地区不可复制的沙漠旅游资源，在宁夏的东、北、西三面分别分布着毛乌、乌兰布和腾格里三个沙漠，尤其是腾格里沙漠不仅临近区域中心城市，且交通便利。在旅游产业大潮下，沙漠资源的独特风情越来越多地为游客所关注，因此发展沙漠旅游自然成为宁夏回族自治区旅游发展的主要方向。目前，当地已经开发了多样化的沙漠旅游区，如沙湖、沙坡头、金沙古渡等，也有一些正在开发的旅游项目，如沙漠风情农场、沙漠边关长城等，众多旅游项目资源的开发使宁夏沙漠旅游景区几乎聚集了西部乃至世界沙漠旅游的各种旅游产品和项目，风景独特、资源丰富成为当地沙漠旅游的重点优势，因此在国家首批批准的 5A 级沙漠旅游景区中，宁夏回族自治区的沙湖旅游景区和沙坡头得以双双晋升。

随着沙漠旅游业的发展，宁夏回族自治区形成了沙漠酒店、沙漠饭庄、沙漠酒吧等众多旅游配套产业，加上中国沙漠体育运动基地的筹集以及沙漠科研基地的建立，更使宁夏回族自治区这个素有"塞上江南"之称的西北区域成为沙子打磨出来的西北明珠。宁夏归来不看沙成为众多游客对宁夏地区沙漠旅游的一致评价，也是对当地旅游产业发展的最好评价。长期以来，不沿边、不靠海一直是宁夏回族自治区发展的主要瓶颈，但是随着"一带一路"倡议的推进，宁夏一举成为该倡议的重要支点，这为当地沙漠旅游的发展带来了重要契机。另外，随着社会经济发展和民众收入增加，以及民众返璞归真的思想意识加强，民众对于沙漠旅游的需求更是有增无减。因此，宁夏回族自治区沙漠旅游业的发展可谓是潜力巨大，在当地经济总量的比重日渐增加，成为当地经济发展的重要支柱产业。虽然相较于其他产业，旅游产业可谓是无公害产业，但是宁夏回族自治区沙漠旅游业的开发，在形成沙漠景观时，无论是越来越多游客在沙漠中的频繁活动，还是各种沙漠酒店、沙漠酒吧、沙漠饭庄等旅游配套设施的建立都不可避免地给当地沙漠环境带来了一定影响，这也是宁夏回族自治区在沙漠旅游可持续发展中必须要重视的问题。

二、宁夏回族自治区旅游活动对沙漠环境的影响

宁夏回族自治区旅游活动的发展为当地带了巨大的经济效益，

同时也给当地的沙漠环境造成了一定影响，这些影响主要集中在以下两个方面。

首先，影响沙漠生态环境。由于特殊的区位和地貌环境，宁夏地区的生态环境比较脆弱，沙漠虽然给当地沙漠旅游业发展带来了契机，但是保护生态环境、治沙防沙仍然是当地环境治理的重要工作。而宁夏回族自治区的旅游发展在一定程度上会影响沙漠环境的生态环境保持。第一，旅游活动影响沙漠生物资源多样性，由于特殊的环境条件，沙漠地区本身的生物资源就不够丰富，但是当地也形成了和环境相适应的基本动植物资源。但是随着越来越多的游客进入，这些沙漠植被或动物不同程度地会遭到攀折或踩踏，从而造成沙漠内植物种类的减少。如根据相关研究成果，在当地部分沙漠地区的道路两侧所形成的植被不同程度地被踩踏损害。第二，旅游活动会影响沙漠环境的正常循环，在沙漠地区，在风沙少的季节或者风沙较弱的地区往往会形成沙漠结皮，这在一定程度上会抑制沙子的频繁移动，缓解沙化问题，但是在更多的游人进入沙漠时，或者是在沙漠内开发各种旅游产品时，便会使沙漠结皮破碎，相对静止的沙丘活化，而这不仅会使沙子活动频繁，也会使更多处于坡脚下的植物被淹没。第三，旅游污染是旅游业发展中的一个重要问题，这一点在宁夏回族自治区的发展中同样存在，在独特的沙漠景观吸引更多游客到来时，也造成了更为严重的环境污染问题。

其次，影响原生沙漠景观。独特的沙漠资源是宁夏回族自治区旅游业发展的支撑资源，很多人到宁夏进行沙漠旅游，目的就是看一看沙湖的水沙相映成辉，感受一下沙坡头滑沙时沉闷浑厚的"金沙鸣钟"，等等，而这些也是宁夏回族自治区形成垄断性沙漠资源的关键要素。但是在当地旅游业大力发展的同时，越来越多进入的游客使原本应该苍茫、荒凉的沙漠意境变得有些熙熙攘攘，而为了吸引游客的各种配套服务设施在满足了游客的多样化需求时，也使原本要感受沙漠自然景观的游客，品尝到了和其他地区大致相似的旅游滋味，这在一定程度上造成了当地旅游产业的同质化。可以说，无论是当地政府企业为了发展旅游产业而开展的建设活动或者是游客的行为活动在一定程度上也在改变着当地沙漠环境的自然景观，有的行为可谓是锦上添花，但是有的旅游活动也破坏了沙漠特有的意境，影响沙漠景观独有的旅游价值。

三、宁夏回族自治区沙漠旅游活动中的沙漠环境维护

对于宁夏回族自治区来说，沙漠旅游开发可以为当地农牧民带来更多的经济收入，有利于促进自治区的经济增长，可以使更多的内地民众了解沙漠、了解沙漠治理，有助于社会对沙漠治理的广泛关注。同时相对于其他产业开发，旅游产业开发有更为广阔的发展前景，结合宁夏回族自治区的实际情况，大力发展旅游产业自然必不可少，只是考虑旅游活动对沙漠环境的影响，在旅游开发的同时，还需要对沙漠环境进行合理维护。

（一）采取生态旅游措施

旅游活动对于沙漠环境来说，最大的影响在于生态环境，无论是游客的旅游行为还是旅游配套设施建设、旅游产品开发都会影响沙漠生态环境，导致当地生态环境进一步恶化。沙漠资源是宁夏回族自治区旅游开发的核心资源，也是当地民众赖以生存的自然环境，生态环境的恶化必然使当地民众的生活受到影响，也会制约旅游产业的可持续发展。因此，从当地旅游开发来说，首要问题便是明确生态旅游定位，发展生态旅游，采取生态旅游措施，以生态保护作为旅游开

发的前提。具体落实在实践中，可以从以下三个方面着手。

第一，开发生态旅游产品，主要是指所开发的与沙漠相关的旅游产品一方面要满足游客的需求，另一方面要尽可能地避免当地沙漠环境的恶化，避免旅游产品开发为沙漠生态带来更多的压力，或者是开发一些有利于沙漠治理的旅游产品，如建立治沙教育基地、治沙博物馆等，最终目的都是形成不影响当地生态链或者是生态修复的旅游产品。

第二，按照沙漠生态合理分区，虽然沙漠资源在宁夏各个地区并不少见，当地的旅游资源也并非沙漠资源一种，特殊的回族文化、丰富的历史文化等，都是宁夏回族自治区旅游的诸多看点，但是由于长期以来沙坡头、沙湖等重点沙漠景区的名声在外，使前来旅游的游客更多集中在这些重点景区，这在一定程度上影响了沙漠景观的原生态保持。因此，可以根据沙漠生态进行旅游分区，分流游客，减轻重点景区沙漠景观的外部压力。

第三，与沙漠治理同步，虽然沙漠带来了独特的视觉效果，但实际上这种效果形成是以土地风化、民众生活受影响为代价，因此控制沙漠发展、治理沙漠一直是宁夏回族自治区的重要任务，在各方面的共同努力下，当地的沙漠治理也取得了很好的成效。因此，在沙漠旅游资源开发时可以同时糅合沙漠治理，如在景区地区加强绿化、增加植被等，可以使两者的发展相得益彰。

（二）加强旅游制度管理

沙漠旅游魅力巨大，但是在旅游开发以及游客进入时，都会不同程度地影响沙漠生态环境平衡，如破坏植被或者是对当地造成污染等。对于宁夏回族自治区来说，众多的沙漠资源为各地民众带来很好的经济发展契机，但是广阔的沙漠区域以及众多的参与主体，也使沙漠旅游开发在沙漠景观及生态平衡等方面的管理更加困难。而如果不进行严格的管理，必然会影响沙漠景观的自然风貌，影响游客的旅游体验，最终使沙漠旅游开发难以持续。因此，从沙漠环境维护出发，当地还需要加强制度管理引导，对各方面在沙漠中的行为进行统一管理。这种制度管理主要包括三个方面：首先，对当地旅游开发主体的制度管理。沙漠旅游的经济潜力吸引更多的投资者参与进来，兴建酒店、游乐等各种旅游设施，必须要对旅游主体的行为进行制度规定，对其垃圾处理、材料选择各方面进行引导，避免旅游建设影响沙漠景观和生态环境。其次，对游客行为的制度要求。如随着自驾游的人数增加，外地民众有更多的方式进入沙漠景区，同时也增加了各种旅游垃圾，因此还需要形成相应的旅游管理制度，对游客的自驾行为、旅游活动进行明文规定，使游客在旅游活动中加强自律，减少对沙漠环境的破坏。最后，对其他旅游参与人员的公众行为规则。在宁夏回族自治区的旅游开发中，也有当地民众及其他人员通过各种方式参与旅游活动，如向导、包车司机等，对于相关人员也需要形成相应的管理制度，使其在旅游活动中发挥带头示范作用，维护沙漠环境。

（三）加强游客沙漠教育

对于宁夏回族自治区来说，沙漠治理很难，现有的治沙成果都付出了极大的努力，同时沙漠原生景观很珍贵，关系着当地旅游经济的持续。而对于游客来说，一方面，其旅游的乐趣在于返璞归真，追求新鲜自然；另一方面，大多数人并不了解沙漠治理，对于道路两旁稀疏的植被意义并无更深了解，对于自身行为和本土生物资源多样性的关联并没有太多了解。各种原因使得游客在沙漠旅游中往往是尽情放飞自我，忽略了对沙漠环境的维护。从宁夏回族自治区旅游可持续发展视角出发，当地在沙漠旅游开发的同时，一方面，要进行制度方面的约束管理，以外力来督促游客进行沙漠环境维护；另一方面，还需要对游客进行沙漠知识教育，使游客自觉主动地参与到沙漠景观的维护中。这种游客教育可以从以下四个方面来着手：第一，在游客能够直接接触到的门票、旅游手册等物品上进行沙漠知识普及；第二，在酒店、饭店等各种旅游场所的显眼地方进行沙漠知识宣传；第三，在需要重点维护地区进行沙漠知识标注，如道路两旁、特定景观附近等；第四，引导游客进行沙漠治理基地参观，通过游客的亲身体验增加游客对沙漠的认知。对于很多游客来说，其在沙漠中的活动往往是兴之所至，适当的游客教育可以有效避免游客在旅游活动中对沙漠破坏的"无心之举"，增强游客对沙漠环境的主动保护意识。

（四）重视沙漠环境修复

更多的游客进入必然会在一定程度上影响正常的沙漠生态循环，影响沙漠动植物资源的自生发展，而对于生态环境本就脆弱的沙漠来说，无论是哪个环节的断链都可能会影响生态环境的自我修复，超出沙漠环境自我修复的最大阈值。显然对于宁夏回族自治区来说，沙漠旅游开发必然要进行，同时还要大力发展，要使这种开发能够在沙漠环境的承受负荷范围内，就必须要在旅游开发的同时，重视沙漠环境的修复。这种人为因素的干涉主要包括两个方面：第一，尽可能地保护沙漠环境自然景观的一草一木，避免其遭到破坏，如加强对沙漠内重点植被地区的监管、增加垃圾收集频率、保护沙漠内的水源合理利用等，通过各种措施使沙漠环境内已有的生态环境条件不受破坏；第二，采用各种生物技术恢复被破坏的沙漠生态环境，如进行湿地治理、净化污染水源、应用生态化的污染处理设备等，在沙漠环境内已经受损的生态环境被有效恢复时，实际上就是通过改善沙漠生态环境的方式增强沙漠环境的自我修复能力，使当地沙漠环境最大限度地形成一种良性发展格局。

　　虽然从表面上来看，宁夏回族自治区发展生态旅游或者进行环境修复，以及加强监管等措施的采取实际上都会不同程度地增加当地政府在各方面的人力、物力、财力投入，一定程度上还会影响当地的旅游收入。但是按照"绿水青山就是金山银山"的发展思想，现在的适度，意味着未来游客更好的旅游体验形成，这实际上是为宁夏回族自治区旅游业未来的可持续发展夯实基础，是宁夏回族自治区沙漠旅游腾飞的前提，这一观点对于当前大多数以草原、森林等资源为支撑的民族地区的旅游开发同样适用。

第七章

人类生态文明实践之旅游与乡村振兴

乡村振兴战略与生态文明建设融合发展

2017 年 10 月 18 日，习近平总书记在党的十九大报告中首次提出乡村振兴发展战略，指出农业、农村、农民问题是党和国家未来发展的"七大战略"之一。"三农"问题的解决关系到我国能否从根本上改变城乡二元结构，实现统筹发展的长远性布局。与此同时，新时代社会的主要矛盾转化为人民日益增长的美好生活需要和不平衡不充分的发展之间的矛盾，这种矛盾在乡村表现得最为突出。因此，全面改善农民生产生活条件、增进农民福祉、促进社会公平正义是党和人民工作的重中之重，同时也是实现农村生态文明建设的必然要求。实际上，自乡村振兴战略实施以来，生态文明建设的步伐明显加快，建设内容不断丰富，建设质量越加贴近人们对美好生活的追求。我们从乡村振兴的任务体系、基本原则和实现路径上都能看出乡村振兴战略与生态文明建设融合发展的意蕴。乡村振兴归根结底就是要协调好人与人、人与自然、人与社会之间的关系，引领人类走向可持续发展之路。

一、乡村振兴战略的任务体系

乡村振兴战略的任务体系围绕"三农"问题中的产业、生态、乡风、治理、生活五大板块进行。高度概括为"产业兴旺、生态宜居、乡风文明、治理有效、生活富裕"层层递进的 20 字方针（见图 7.1）。

以产业兴旺为重点	以生态宜居为关键	以乡风文明为保障	以治理有效为基础	以生活富裕为根本
提升农业发展质量，培育乡村发展新动能	推进乡村绿色发展，打造人与自然和谐共生新格局	繁荣兴盛农村文化，焕发乡村文明新气象	加强农村基层基础工作，构建乡村治理新体系	提高农村民生保障水平，塑造美丽乡村新风貌

图7.1 乡村振兴战略的指导方针

（一）激发产业发展活力

乡村振兴的首要任务是产业兴旺。产业兴旺需要以农业发展为基础，三产融合是关键，供给侧结构性改革为主线。一方面，农业发展应以质量兴农、绿色兴农、粮食安全为抓手，同时加大科技投入、技能支撑，提高农民对现代化设施的应用能力。另一方面，促进产业融合，培育新型产业是形成支柱产业的有效方式。以新型工业为手段，开展农副产品深加工，搞活"一村一品"。归根结底产业兴旺需以资源为本，要通过政策、体制建设配置资源，引导全要素资源向农村正向流动至关重要。

（二）打造生态宜居新格局

改善农村人居环境，建设美丽宜居乡村是实施乡村振兴战略的重要任务。宜居是基础，生态是保证。脱离民生讲生态，青山绿水恐为"穷山恶水"。建设生态宜居乡村首先要完善农村基础设施建设和公共服务水平，要在环境保护的前提下大力改善农村住房条件，建设水电气、交通、通信等基础设施，完善医疗、教育、文化、娱乐等配套设施建设，提升公共服务水平，使农村生活便捷、文明、现代化。

（三）营造乡村文明新风尚

乡风文明是乡村振兴的灵魂与保障，是乡村优秀文化的重要组成部分。既要传承中华优秀传统文化，也要发挥当代先进、主流文化的引领作用。文化不能停留在教育、保护的静态功能上，要通过开发、利用实现其动态功能。要寻找多种形式的文化开发模式，丰富乡村精神文化，培育乡村文化自信，不断提高乡村社会的文明程度。

（四）构建"三治融合"的多元治理体系

乡村振兴治理有效是基础。治理越有效，乡村振兴效果就越好。构建乡村多元治理体系是留住"乡愁"的一种内在关切。乡村在历史发展中形成了深厚的自治、德治的治理基础，是乡村治理体系的有机组成部分。可以通过深化村民自治实践，加强农村群众性自治组织建设，健全和创新由村党组织领导的充满活力的村民自治机制。提升德治水平，深入挖掘乡村熟人社会蕴含的道德规范，结合时代要求创新道德教化作用，建立道德激励约束机制。自治、德治建设最终要落实到法治，以法治为根本，加强法律在维护农民权益、规范市场运行、化解农村社会矛盾等方面的权威地位。三治融合是通过人自身能力的提升推进乡村治理现代化的实现。

（五）打造乡村富裕生活

生活富裕是新时代中国特色社会主义的根本要求，是乡村振兴的直接动力源。共同富裕的实现标准是社会生产力高度发达、物质生活极大丰富。对于农村而言，就要拓宽农民增收渠道，提高农民收入水平。因此，推动乡村产业融合、发展新业态、延伸产业链、培育农村电商、促进农村劳动力转移就业、配套乡村经济发展制度、打造村庄城市共同体。在此基础上要着力发展农村教育培训事业，提升乡村发展的主体——农民的根本素养。

二、乡村振兴战略的基本原则

理解原则就是把握住乡村振兴战略的根本立场和行动准绳。根据2018年中央一号文件《中共中央　国务院关于实施乡村振兴战略的意见》对实施乡村振兴战略的基本原则理解如下所示。

（一）坚持党管农村

坚定不移地加强党对农村工作的领导，健全党管农村工作体制机制，确保党在农村工作中始终总揽全局、协调各方，为乡村振兴提供坚强的政治保障。

（二）坚持农业农村优先发展

把实现乡村振兴作为全党的共同意志，共同行动。在干部配备上优先考虑，在要素配置上优先满足，在资金投入上优先保障，在公共服务上优先安排，加快补给农业农村短板。

（三）坚持农民主体地位

"三农"问题的根本是农民问题。要充分调动农民积极性、主动性、创造性，把维护农民群众根本利益，促进农民共同富裕作为出发点和落脚点，促进农民持续增收，不断提高农民的获得感、幸福感、安全感。

（四）坚持乡村全面振兴

乡村振兴是包括经济、社会、文化、治理、生态全面振兴的综合战略。在党的坚实领导下，统筹农村的经济建设、政治建设、文化建设、社会建设、生态文明建设。

（五）坚持城乡融合发展

科学有效发挥政府作用，推动城乡要素自由流动、平等交换，推动新型工业化、信息化、城镇化、农业现代化同步发展。加快形成工农互促、城乡互补、全面融合、平等发展、共同繁荣的新型工农城乡关系。

（六）坚持人与自然和谐共生

践行绿水青山就是金山银山的理念。落实节约优先、保护优先、自然恢复为主的方针，严守生态保护红线，以绿色发展引领乡村振兴。

（七）坚持因地制宜

科学理性把握乡村的差异性和发展走势分化特征。做好顶层设计，注重规划先行，突出重点，分类施策，典型指导，扎实推进，久久为功。

三、乡村振兴实现的基本路径

乡村振兴是解决"三农"问题、破解城乡发展困局的指导性决策。自决策提出至今，已摸索出以下行之有效的发展路径，也是乡村旅游在推动乡村振兴的过程中不断尝试的发展举措。

（1）重塑城乡关系，走城乡融合发展之路；

（2）巩固和完善农村基本经营制度，走共同富裕之路；

（3）深化农业供给侧结构性改革，走质量兴农之路；

（4）坚持人与自然和谐共生，走乡村绿色发展之路；

（5）传承发展提升农耕文明，走乡村文化兴盛之路；

（6）创新乡村治理体系，走乡村善治之路；

（7）打好精准脱贫攻坚战，走中国特色减贫之路。

第二节

陕西袁家村旅游组织化建设助推乡村全面振兴

乡村振兴背景下的乡村旅游被视为统筹城乡发展、解决"三农"问题的有效手段，也是生态文明建设的重要内容与评判依据。其发展成功与否关乎广大农民的获得感、幸福感和安全感。较之早期粗放式开发，当前乡村旅游逐步转入纵深化并涌现出一批极具代表性的旅游地。但总体来看，乡村旅游还未能很好实现助力乡村全面振兴的时代使命。问题主要集中在乡村产业融合不紧密、基层组织治理低效、外部依赖性较强而内生动力不足。乡村旅游要想久久为功必须从乡村内部寻找持续的动力源。本节从组织建设的视角研究乡村旅游助推乡村全面振兴问题。

一、乡村旅游从"参与""增权"到"组织化"发展的必然

乡村旅游在我国的发展历经了从参与到社区增权的过程。然而大量实践表明，社区参与更多作为"一种指导社区接受和认识由外部形成旅游发展所带来好处的技术过程，忽略了社区通过与外部力量抗衡取得权力的政治过程"。有权参与不等于一定获得，权力的失衡往往导致参与的失败。麦克白（Mcintyre，1993）就表达了对社区参与旅游的质疑，认为由于影响范围小、涉及人数少、利润有限，社区参与旅游对地方发展贡献不足。较之社区参与，社区增权是更为主动的旅游发展形式，但在我国就增权的主体、内容和层次争议颇多，究其原因是中西方制度、文化、民主进程、公民意识等方面存在显著差异所致。实际上，中国乡村的衰败是现象而非原因，贺雪峰（2019）从组织发展的角度讲"三农"问题，很大程度上是由于乡村组织体系的瓦解和自组织能力丧失产生的。党的十九大报告提出，组织振兴统领乡村振兴，只有组织起来的农民才能担当乡村振兴的主体。乡村若要以更加积极的姿态参与到现代旅游中，那么组织起来是趋势。近年来，涌现出新的一批乡村旅游地，如陕西袁家村、山东中郝峪村、四川明月村、浙江鲁家村、河南百草园，他们的组织化发展特征明显，且具有一定的自组织特征，对乡村的推动作用已经从经济层面上升到以人为本的全面振兴。书中选取陕西最具代表性的袁家村作为研究场域，从组织化功能和自组织特性分析其乡村振兴实现的过程与内在机制。

二、乡村旅游组织化发展的类型

关于我国乡村旅游组织化类型目前没有统一的划分标准。书中按照旅游发展驱动力进行划分并概括特征。

（一）政府主导

政府主导即政府在乡村旅游发展中处于主导地位。通过建立党政领导挂帅的乡村旅游领导小组，乡村旅游管委会对旅游地进行组织化管理。通过编制规划、市场引导、整合资源、筹措资金、健全公共服务、协调利益相关者矛盾等一系列工作，推动乡村旅游快速发展。典型代表是西江千户苗寨，它是贵州省政府举全省之力成功打造的黔东南旅游符号。

（二）外来资本主导

在乡村自我发展能力不足时，外来资本下乡是乡村旅游组织化的主要形式。外来资本通过市场化运作实现乡村资源、闲置资产、社会资本以及富余劳动力的有效整合，以现代企业制度对农民进行管理。把市场、公司以及分散的农民衔接起来形成利益综合体。但由外来资本主导的乡村旅游往往使农民失去土地、失去话语权，同时失去主体地位成为附庸。

（三）乡村旅游协会主导

乡村旅游协会是乡村旅游中的利益相关者为促进旅游转型升级自愿签署协议组成的社会民间组织。协会一方面通过制定行业制度约束经营者行为，实现行业自律。另一方面，通过为成员提供信息、渠道、保障与机会，充分发挥协会服务组织成员的社会功能。与政府宏观统筹相比，旅游协会直接面对利益主体更符合市场经济的运行规律。

（四）专业合作社主导

乡村旅游合作社是在村民公平自愿基础上成立的。这种组织形式有以下三个优点：一是通过旅游业与农业互补实现集约发展差异共赢。二是农民自愿参加、自主选择、自由退出，加速乡村民主化进程。三是以自我组织、自我管理、自我服务为主提升乡村自治能力。但这种组织多为临时性互助，合作主要集中在经济领域，不能很好地发挥乡村服务、文化建设、乡村治理等对乡村发展更具现代意义的社会功能。

（五）社区主导

社区主导模式强调村民是旅游发展的主体力量，组织形式多为旅游接待办，组织运行方式是村民大会，社区精英是影响旅游发展的重要力量。社区主导对增加农民收入、彰显农民主体地位成效显著。但面对资源整合、公共事务管理、创新发展等存在知识、理念、能力和经验上的先天不足。

以上五种组织形式除前两种外，其他都关注到农民的主体地位。但在发展过程中如何更好地激发农民潜能、提升农民权能，使乡村从参与主体上升至权力主体还需进一步学习、探索。

三、袁家村旅游发展进程中组织化运作表现

袁家村是近年来通过旅游发展实现乡村振兴的典型代表。先后被授予"全国一村一品示范村""中国十佳小康村""中国乡村旅游创客示范基地"等多项荣誉。发展旅游并非袁家村的目的，通过旅

游业带动村民走向共同富裕才是以村支书为代表的党组织的初衷。因此，袁家村旅游发展路径迥异于大多数新农村"自上而下"的蓝图式规划建设，取而代之的是渐进式"自下而上"的组织化发展道路，自组织印记明显、农民主体地位突出、乡村认同不断增强、乡村全面振兴效果突出。以下将从组织化功能和自组织特性分析袁家村乡村振兴实现的过程与内在机制。

（一）旅游开发规划先行

袁家村旅游开发之初，村两委就坚持"多规合一"，强调村庄规划对乡村旅游和乡村建设的引领支撑作用。通盘考虑土地利用、资源开发、空间营造、村民点布局。切合民俗乡情、村庄风貌和文化传承，在充分尊重村民发展意愿的基础上按照规划有序开发。从农家乐、小吃街、关中印象体验地、乡村度假游，进而实施品牌战略，进城出省，乡村旅游逐步转型升级。

（二）乡村空间结构演变系自组织建设形成

新中国成立以来，袁家村历经三个阶段的空间营建，其过程都是村民在村委会带领下以产业结构调整为依据，直接承接国家各项惠农政策，自发自觉建设完成。1949～1975年是以传统农业为导向的点状集合化发展阶段。该阶段以村民对住宅改造为主要形式，组织主体为村委会和村民，无外力参与。1976～2007年是以乡镇企业为导向的线状集约化发展阶段，并形成高度功能化的空间格局。部分利益主体参与，但村委会拥有绝对领导权，是规划编制的主体，村民以集体出工形式自主营建。村民大会是村民了解参与建设进程的主要组织形式。2008年至今是以休闲农业旅游发展为导向阶段，进而形成网状集聚化、结构丰富、内容多样的空间格局。

此阶段更多利益主体参与到袁家村旅游开发建设中，但自组织力量不可替代。村委会负责主导、把控旅游开发中的规划方向、项目筛选、店铺审核、村民技能培训等重要事项。村民负责农家乐改造升级，同时积极参与乡村建设活动，是乡村旅游发展的中坚力量。驻村工匠对村落空间形态、尺度、建筑风貌有较强的话语权，起到乡村规划师的作用（见表7.1）。

表7.1　　　　　　　　　袁家村空间营建三阶段

发展阶段	主导产业	空间特征	营造主体	组织形式	外力参与
1949～1975年	传统农业	点状集合化	村委会村民	村委会	无
1976～2007年	乡镇企业	线状集约化	村民委员会	村委会村民代表	无
2008年至今	文旅产业	网状聚集化	村委会村民驻村工匠	"四位一体"	有

（三）架构"四位一体"的乡村组织管理结构

袁家村发展至今组织类型丰富。各类组织协同有序带领村民共同富裕。

伴随组织发育成熟，袁家村逐步形成以村党支部为"灵魂"，分工明确的村委会、行业协会、旅游公司、驻村综合服务办公室"四位一体"的管理结构。其中行业协会属于乡村自治组织。袁家村现有农家乐、小吃街、酒吧街协会等20余个民间组织，由乡村精英担任会长。一方面，以不定期会议形式组织村民（经营户）交流经验，协调公司与农户利益。另一方面，在旅游淡季成立各类培训班，为农民学习技能、提升素质给予组织保证。村委会属于政治意义上的基层自治组织，也是袁家村最高决策机构，拥有本村规划编制权和具体实施权，同时兼顾乡村经济与社会发展职责；关中印象旅游公司是袁家村集体经济组织，是乡村旅游产业的法人，具有核心领导权威。所有二级管理公司、合作社、协会、商铺都需要在总公司制定的各项制度下运行，直接受总公司管理并向其负责或对其负责。收益用来保证财政收支平衡，为乡村公共设施建设服务；综合服务办公室是礼泉县政府抽调 12 个部门人员联合组成，通过专业知识对袁家村社区建设与旅游发展提供政策支持与经验指导。性质上属于外部干预的"他组织"（见图 7.2）。

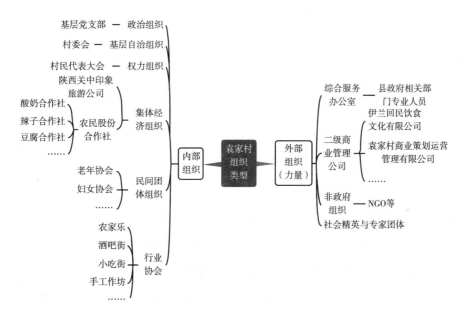

图 7.2 袁家村组织类型

袁家村模式不是一般意义上的旅游模式。可以分两个层面来理解：一是它的商业模式，二是它的组织模式。商业模式建立在组织模式之上，两者互为表里、相辅相成、缺一不可。村党组织与旅游公司共同治理。商业合作组织加入与片区化管理是乡村系统的协作管理（见图 7.3）。

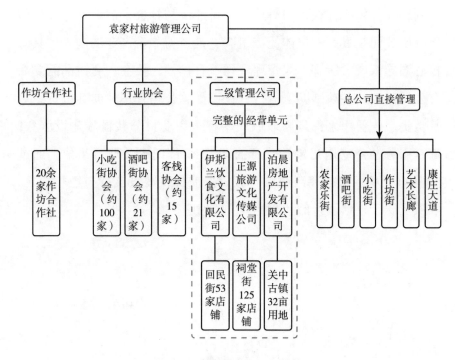

图 7.3　袁家村商业组织结构

（四）打破"政经混合"，实现"三个分开"

袁家村打破传统乡村内部村级党组织、村民自治组织和集体经济组织"三位一体""政经混合"的治理模式，实现"三个分开"。一是职能界定清晰。社区党支部夯实领导、引导和监督职能；村委会回归社会管理、服务职能；集体经济组织掌管村集体资产运营。二是管理分工明确。党支部、村委会、集体经济组织人员的选任、撤免、职责、考评、薪酬等分离管理。书记不兼任经济组织领导，以便充分发挥对村委会和集体经济组织的领导监督作用；村委会成员不与经济组织成员交叉任职，不直接参与集体经营活动。三是产权关系合理。理顺集体资产产权关系。非经营性资产确权登记在自治组织名下，经营性资产确权登记在集体经济组织名下，同时分设行政账和经济账,实行资产、账务与核算分离(见图7.4)。

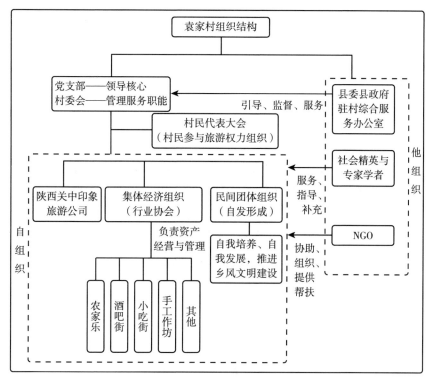

图7.4 袁家村内外部组织互动

(五)创新农村集体经济股份合作社模式,调节收入分配,实现村民共同富裕

合作社是乡村振兴中不可或缺的经营组织主体。袁家村助力脱贫的一项成功经验就是将优势产业项目增资扩股,创办股份合作社。袁家村首先通过创建股份公司将资金打包,合作经营、风险共担、收益共享,实现利益再分配。形成品牌后,村集体和银行进行合作,帮助有意愿且征信合格的周边125户贫困群众申请贷款,将发放贷款以股金的形式在袁家股份合作社入股,创办养殖、种植和农产品作坊合作社,进行保底分红,使群众享受袁家村发展红利。

袁家村把小吃街、作坊街全部纳入合作社管理，形成豆腐、酸奶、醋、粉条等股份合作社，统一交由公司运营，实行标准化管理，同时也通过合作社进行具体事务管理。以下以作坊街为例说明合作社的管理形式（见图 7.5）。

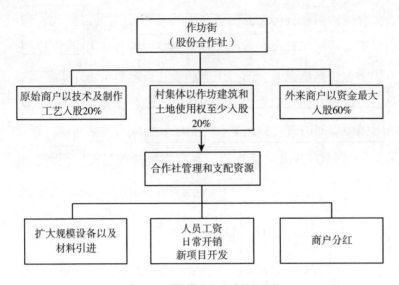

图 7.5 袁家村合作社管理形式

（六）搭建"三创联动"的乡村创客平台

袁家村乡村旅游组织化发展的另一显著特质是通过打造农民创业平台，根本解决农民持续增收问题。创业平台以市场为导向，坚持创业、创客、创新联动作用，把农民培养成乡村旅游经营主体。袁家村以关中印象体验地为载体，超商半径不超过两公里，覆盖周围村庄。通过袁家村"农民学校"和"袁家村夜校"对村民进行教育、培训，使他们初步具有经营能力和服务意识，继而提供优惠政策让村民分期分批低成本或无成本进入创业平台。袁家村还专门设立农民创业培训班，请专家讲授经营知识，请知名企业家传授创业经验，坚持每年组织经营户出省、出国考察学习，开阔视野、增长见识。袁家村为各类人才积极打造创业平台，创造良好的创业环境，营造开放、自由的创业氛围，吸引了众多"新袁家村人"带着特色项目前来创业，目前已经成为带动袁家村飞速发展的主要力量。袁家村人和"新袁家村人"已经成为创新创业的主力军。进入袁家村创业平台的投资人、参与者增多，但品牌、产业都牢牢掌握在袁家村人自己手里。重大决策、利益分配、对外合作都由袁家村人自己说了算。

四、袁家村乡村旅游组织化发展动力分析

（一）经济利益是袁家村旅游组织化的根本推力

现代乡村组织化带有明显的经济利益驱动性。整体利益与资源优势绝非单个家庭所能完成的。党的十九大报告指出，"深化农村集体产权制度改革，保障农民财产权益，壮大集体经济是乡村振兴的基本路径和必然选择"。袁家村经历的三次产业转型都是在自我经济发展能力有限条件下的集体理性选择。

1. 第一次产业转型——发展农业

20 世纪初，袁家村是个只有 62 户 286 人的小村子。人多地少矛盾的加剧及土地贫瘠等问题始终制约着袁家村的发展。在生产队长郭裕禄的带领下，村民通过艰苦奋斗大力发展农业，使粮食棉花产量达到全省最高水平，成为陕西农业战线的一面旗帜。

2. 第二次产业转型——发展工业

20 世纪 80 年代中后期，随着国家"抑农重工"政策逐步放开，村居企业发展得到国家认可，袁家村抓住这一政策机遇陆续建立砖瓦厂、石灰厂、建筑队等乡镇企业。乡镇企业的崛起使袁家村获得巨

大的经济效益，实现了从农业兴村向工业富村的成功转型，成为全国文明的小康村。

3. 第三次产业转型——发展旅游业

2005 年，国家颁布新农村建设政策为乡村发展提供诸多利好，以旅游业为代表的第三产业成为袁家村的主导产业。短短 10 年间，袁家村再次实现了由贫困到小康的飞速跨越，村集体经济积累 21 亿元，"空心村"摇身变为中国最美乡村。三次有组织地产业转型都为袁家村带来了巨大的经济收益，坚定了袁家村人走组织化的发展道路。

（二）制度因素是袁家村旅游组织化的根本保障

乡村参与旅游发展，经济是基础、制度是保障。随着乡村振兴战略的推进，乡村旅游不再仅被看作一种简单的经济行为，在新型城镇化与精准扶贫背景下肩负着更为重要的政治使命，是国家、地方制度对乡村的共同治理。与乡村组织化发展有关的制度包括"自上而下"的国家、地方层面的正式制度，也包括"自下而上"乡村内部建立的正式与非正式制度。本书重点分析乡村内部一整套制度是如何作用于袁家村旅游组织化发展的。

1. 内部正式制度对组织化的作用

首先，股份合作制奠定组织发展根基。袁家村股权结构由基本股、交叉股、调节股、限制股四部分构成。基本股是将集体资产进行股份制改造，集体保留 38%，其余 62% 量化到户，每户 20 万元，每股年分红 4 万元，只有本村集体经济组织成员才能持有。交叉股是旅游公司、合作社、商铺、农家乐互相持股，共交叉持股 460 家，村民可以自主选择入股店铺。调节股是全民参与、入股自愿、钱少先入，钱多少入，照顾小户、限制大户。股份少的可以得到较高分红，股份超过限额的分红会按比例减少。限制股是针对经营户收入高低不均的现实，将盈利高的商户变为合作社，分出一部分股份给盈利低的商户。这种独具特色的股权制度可以缩小商户间的贫富差距，保证共同富裕目标的实现。

其次，收益分配制度坚固组织凝聚力。袁家村收益主要由三部分构成：农家乐、小吃街和合作社。农家乐的收益由农家乐农民获得；小吃街的收益由小吃街经营户获得；合作社的收益由入股农户获得，村干部不拿一分钱。通过有组织、有计划地调节收入分配与再分配来实现参与主体利益均衡。

最后，食品安全保障制度提升组织诚信度。袁家村从源头管控食品安全。所有食品经营户所需原料由村集体统一供应。村委将商户按照规则分成若干小组，设置组长。组长负责卫生、品控、评分等安全保障工作，一旦发现有非法添加行为的商户一律驱离袁家村。"农民捍卫食品安全"已经成为袁家村龙头产业品牌。

2. 内部非正式制度对组织化的作用

非正式制度是人们在长期社会交往过程中逐步形成并得到社会认可的约定俗成、共同恪守的行为准则。包括乡村权威、价值信念、风俗习惯、道德规范、意识形态等。他们嵌入在乡村内部日常管理之中，影响村民的行动选择，使其行为更具感情色彩。袁家村内部非正式制度对组织化影响主要表现在以下 3 个方面。

（1）集体主义价值观孕育草根民主。

党的十九大报告提出，"有事好商量，众人的事情由众人商量，是人民民主的真谛"[1]。袁家村在旅游发展过程中集体观念非但没有被城市化冲击反而得到强化，村民对社区认同感空前高涨。一方面，

---

[1]　习近平. 决胜全面建成小康社会　夺取新时代中国特色社会主义伟大胜利：在中国共产党第十九次全国代表大会上的报告［EB/OL］. 中华人民共和国中央人民政府，2017 – 10 – 27.

表现为贫富差距缩小。袁家村解决贫富差距问题采取全民股份制作坊街形式。在作坊街每个经营户生意好坏都关乎参股村民的收益，因此参与者都希望家家户户生意兴隆。村委还对效益相对较差的店铺实行补贴，结果是全体村民受益的同时也维护了袁家村的品牌形象。另一方面，表现为集体事务集体决议。村委充分发挥基层党组织的协调能力，由村民共同商议、全程监督、自主寻求解决方式，这一过程提升了村民民主意识与参与能力。草根民主是袁家村组织化发展的典型特征。

（2）新型村规民约保障组织功能顺利实施。

袁家村针对农村社会结构变化新情况创新乡村治理，实行"自治、法治、德治"三治结合。其中自治是基础，以村民议事会、道德评议会、红白理事会、禁毒禁赌会等方式实现村民"自我管理、自我教育、自我服务、自我监督"。法治是保障，按照市场经济的法律规制培育经营主体，推进股份合作制，让经营者在袁家村健康成长。德治为引领，设置"道德讲堂"和"明礼堂"，将培育诚信文化、祠堂文化、民俗文化、书斋文化、乡贤文化与乡村旅游发展结合，使袁家村成为乡风文明的精神家园。

（3）多元利益主体博弈与组织制度关系。

乡村旅游地中多元利益主体会产生博弈，为了使利益主体间达到均衡状态从而产生了制度。同时博弈是不断演化的，均衡状态会不断被打破并重构。袁家村主要利益主体有村委会、本村居民和外来商户，现行组织制度便是三者在旅游发展演化中正式与非正式制度相互嵌入的博弈过程中实现的。以下通过村委会与本地村民互动、村委会与经营商户互动、经营商户与本地村民互动过程为例，说明制度嵌入在袁家村乡村旅游组织化发展中的作用。

在村委与本地村民的互动中正式制度嵌入在袁家村组织管理中，

但非发展之初就天然嵌入而是随着旅游的演化从非正式制度逐渐转向正式制度。如股份合作制就源于乡村非正式制度中的集体主义价值观，该观念的嵌入产生了共同富裕的行动纲领，从而形成了这一正式制度。非正式制度嵌入在村民日常生活中，影响村民的参与态度和对集体事业的支持力度并主动接受教育和技能培训。

村委与经营商户的互动过程也是正式制度与非正式制度共同嵌入的过程。正式制度嵌入在旅游发展初期的招商引资中，非正式制度嵌入在管理者对经营户的筛选中。非正式制度的有效嵌入是正式制度平稳实施的有力保证。如为丰富旅游业态吸引优质商户，袁家村对外来经营户、大学生实行一系列极具吸引力的正式制度。在经营户选择上又制定严格的筛选制度，如在小吃街通过组织美食比赛挑选优质项目。对于商户而言，从最初被动遵循管理者制定的正式制度以谋求发展到获得长足发展后自主嵌入在非正式制度中，如签订诚信承诺书、成立民间组织。两种制度的互动共同推进袁家村旅游的平稳发展。

在经营商户与本地村民的互动中，非正式制度的嵌入在一定程度上内化到人的心理结构，从内部支配人们的行为选择。如当本地村民与经营商户之间出现矛盾时，管理者通过开设农民学校和道德讲堂对其进行思想教育，强化集体主义发展道路和共同富裕的思想理念。通过抚今追昔的"自省"与"自醒"，让富裕起来的村民再次认识到美好生活来之不易，也让游客看到一个"富而不骄"的袁家村。

（三）社会资本与袁家村旅游组织化相互促进

社会资本是指个体或团体间的关联——社会网络、互惠性规范和由此产生的信任，是人们在社会结构中所处位置给自身带来的资源。农民组织化有利于社会资本的形成，社会资本进一步促进农民组织化发展，二者的互动关系表现如下所示。

1. 社区精英动员示范推动组织化进程

社区精英是社区参与旅游发展的内生力量，是农民合作的发起者、组织者、合作组织的核心人物。他们具有坚实的群众基础、深厚的集体意识，有推动社区发展的强烈愿望，为集体利益承担责任且不计较个人得失。实践表明，但凡乡村组织化成功的地方都离不开这类人。作为社区精英，他们是制度的起草者、管理者、实实在在的执行者，同时也是外生秩序得以顺利进行、有效发挥作用的桥梁。郭裕禄和郭占武就是袁家村新农村建设的开拓者。他们不甘落后、敢为人先、自力更生的精神为袁家村转型升级提供了强大的精神动力。在没有绿水青山的美景，没有古镇老村的风貌，也没有外部企业和专业人士的帮助下，郭占武大胆创新提出打造关中民俗文化体验地，自立项目、自筹资金、自主规划以旅游带动乡村产业发展，乡村生活生机勃勃。

2. 第三方力量加入提升组织建设能力

组织化的发展离不开外界支持，它是内外力量共同作用由被组织或被组织与自组织并存到自主演化的过程。第三方力量是独立于政府之外又区别于市场部门的非政府组织、非营利组织、行业协会、新闻媒体等组织群体，具有民间性、自主性、自愿性、公益性等特征，他们的发展壮大是公民社会建设的重要内容。与社区组织相比，第三方力量拥有一定的社会基础，社会公共领域影响力大，有助于推动居民参与社会管理和社区治理，从而调动起潜藏的社会资本。他们与社区组织的良性互动有利于组织功能的最大限度发挥。袁家村在乡村旅游发展中虽然坚持以村集体为核心，但并不代表在此过程中完全排除了外界力量。如在产业转型的第三阶段，专家学者、社会精英通过正式、非正式途径与村委和村民就乡村规划提出建设性意见，对项目引进提供风险评估指导。高校学者在袁家村成立实习基地、书画基地等都是在直接支持袁家村发展。只是这些第三方不再处于强势领导地位，不直接对袁家村管理造成扰动，转而扮演引导、建议、协助的角色，尽可能为村庄发展整合资源提供助力。

3. 社会网络构建与农民组织化的互动

由于历史、政策、区位等原因，农村是一个相对封闭的地理空间，村民所拥有的社会资本是以家庭为核心的血缘关系、以乡邻为核心的地缘关系。关系网络因交往半径过小导致封闭，同质性强，缺少丰富的社会资源来改变生存状况。农民组织化为社会网络的构建搭建了平台，反过来社会网络又促进了农民组织化升级。一方面，农民组织化推动横向关系网络的构建。第三方力量和外来主体的加入打破了传统乡村以血缘、亲缘为纽带的关系网络，扩大社区交往范围，增加交往方式，为社区发展摄取多种关系资源。另一方面，农民组织化为构建纵向关系网络搭建平台。由于袁家村旅游组织化道路始终坚持正确的政治方向和实事求是的精神，礼泉县委、县政府给予充分尊重，积极引导，营造有利于袁家村创新发展的新制度环境。如2017年，县财政拿出专项资金全面整治美化道路沿线和周边村容村貌，为袁家村旅游发展提供坚实的硬件支撑。

4. 组织化培育社会信任

社会信任是社会资本的核心内容，是社会协作与社会整合的基础。首先，袁家村旅游组织化培育了村民间的信任。村委会不仅是村民合作的平台也是利益博弈、思想碰撞、达成共识的平台。在组织村民参与旅游接待、讨论与旅游相关的村规民约中，村民主体意识和地位得到强化进而生成具有现代意义的社会资本——组织认同。其次，培育了经营户与本地村民间的信任。如前文所述，袁家村之所以出现"富而不骄"的社会特征，主要是归因于合理的股份合作制度、公平的收益分配制度及正确的思想教育制度。最后，培育出社会信任。袁家村在集体经济发展壮大的同时注重生产、生活、生态相结合，通过生产方式标准化建立了从田间到餐桌、从加工到销售、从管理到监督的立体化、全方位、多层级的食品安全保障体系，创建了"农民捍卫食品安全"的"农"字品牌。品牌承诺感人至深，为袁家村人赢得了社会信任。

5. 组织化培育社区规范

社区内有效规范能引导或制约人们的思想行动从而成为对个人行为有影响的社会资本。作为一种典型的文化经济类型，乡村旅游理应促进社会规范向更高层次发展。袁家村依据村规民约，凡是与旅游发展相关的重大事件决策、管理制度修订须由村委会组织，村民参与实施，村民代表大会投票表决。从开办农家乐建造民俗街到兴办作坊成立合作社；从招商引资到进城出省都是支部先拿主意交由村民讨论，征求意见到户，思想工作到人。组织化过程培育了村民的参与意识和参与规范，这种基于利益基础上的权利表达以及公共领域的讨论习惯正是民主生活中可能产生的公民性。

如今的袁家村旅游产业兴旺，商业体系和管理结构完备。但它不是发生在像乌镇、古北水镇或田园东方那样的企业投资的封闭式景区，而是发生在原村民生活的空间里，由村民全部参与到旅游中来。如果没有一个坚强的党组织领导，建构紧密的组织结构，再好的商业模式也不可能落地在一个传统的乡村聚落里，这也是资本下乡为什么不能进村的主要原因。袁家村旅游实践的本质就是以农民为主体的组织振兴。在与多元利益主体协同作用中创新发展出村民共治、产权共有、乡村共建，产业共融、收益共享、激励与约束并举、运转高效的新集体经济组织形态。在与内外力量互动制衡过程中创新乡村治理体系，实行"自治、法治、德治"三治结合，真正实现了乡村旅游"内源式"发展助推乡村全面振兴的时代使命（见图7.6）。

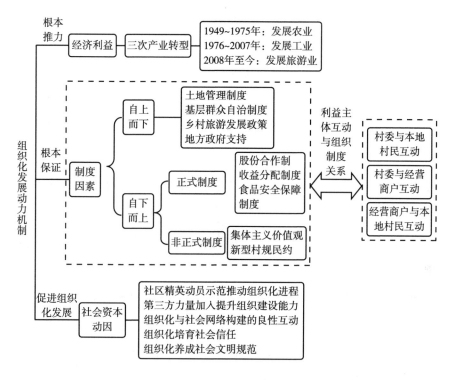

图 7.6　袁家村乡村旅游组织化动力机制

第三节

四川战旗村社区治理现代化保障乡村全面振兴

一、国家治理现代化、社会治理现代化与社区治理现代化的顺承关系

国家治理现代化即国家治理体系和治理能力现代化。2013 年

11 月，党的十八届三中全会通过的《中共中央关于全面深化改革若干重大问题的决定》中提出："推进国家治理体系和治理能力现代化"。这是党首次明确将"推进国家治理体系和治理能力现代化"作为全面深化改革的总目标，也是对传统国家治理观念的重大突破，突出强调了国家治理的社会职能。国家治理社会职能主要体现在公共管理和社会服务职能中，即为社会发展创造良好的社会环境和自然环境的职能，具体包括：维护社会治安、兴办公共工程、保护生态环境和自然资源、调节社会分配、建立社会保障制度、建立公共服务体系等。这些内容意味着推进国家治理体系和治理能力现代化就要着眼于维护最广大人民的根本利益，以人民平等参与和发展，制度成熟定型和法治为主要价值取向，最大限度地实现国家治理和社会自治的良性互动。时间安排上，党的十九大对三步走战略作出"两阶段"部署，2020～2035 年基本实现社会主义现代化。具体目标涉及经济发展、制度建设、文化传承、人民生活、社会治理、生态环境六个方面。从 2035 年到 21 世纪中叶，把我国建成富强、民主、文明、和谐、美丽的社会主义现代化强国，实现国家治理体系和治理能力现代化。2019 年，党的十九届四中全会又提出了加快推进市域社会治理现代化任务，全国市域社会治理现代化试点工作全面推开。

社会治理现代化是国家治理现代化的重要内容和必然要求。这就意味着社会治理的方式也由"自上而下"的国家权力单向管理转向政府和多元主体良性互动，实现党委领导、政府负责下的社会多元主体共同治理体系。这也是新时代"全能型"政府向"服务型"政府转变的合理途径。2021 年，中共中央、国务院印发《关于加强基层治理体系和治理能力现代化建设的意见》，为我国社会治理现代化绘制了明确的目标和方向。

基层治理是国家治理的重要组成部分。具体来说，国家与社会关系最终都体现在基层治理场域，因此社会治理现代化中基层治理是关键。基层治理体系的构建与完善直接关系到国家与社会的有效互动。我国的社会问题主要集中在基层，解决社会问题的基本力量也在基层，社区是基层治理的重要单元。德国社会学家滕尼斯（1881）在其著作 *Community and Society* 中将社区定义为一种共同体，这种共同体是通过血缘、邻里、朋友等关系建立起来的社会联合。联合中的人群是同质的人口，他们以共同的价值观念、情感、习惯等为基础。滕尼斯进一步将社区划分为三种类型：地域社区、精神社区和血缘社区。乡村属于典型的血缘型社区，由共同血缘关系的人所组成。书中所说的社区即指代我国广大乡村地区。

当前我国社区治理仍存在不少短板，主要表现在治理主体职责不清，分工不明，部分基层动员能力不强，社会力量作用发挥不充分，网格化管理与应急管理结合不够，基层数字治理体系和基础能力建设滞后，基层公共服务供给能力不足，区域资源分配不均衡，基层矛盾化解与社会心态引导能力不足，社区治理队伍建设与繁重任务不匹配。社区治理现代化要求由传统一元化的管控式社区管理向多元主体参与的，以民主、协商、法治为基础的，以维护、改善人民群众利益为核心的现代社区治理转变的过程。其特点是社区治理主体多元化、社区治理体系科学化、社区治理过程民主化、社区治理方式法制化、社区治理机制规范化、社区治理成效高能化。

二、乡村旅游社区治理现代化彰显中国特色社会治理体系现代化

社会治理现代化需要在政策设计与实践互动中形成现代化社会治理体制和现代化社会治理能力。乡村治理是国家和社会治理的

"最后一公里"。乡村治，国家安。乡村治理现代化是协调推进城乡融合发展、实施乡村振兴战略的重要举措，也是适应社会主要矛盾转变的正确选择。《关于加强基层治理体系和治理能力现代化建设的意见》中指出，统筹推进乡镇（街道）和城乡社区治理是实现国家治理体系和治理能力现代化的基础工程。这为高标准推进乡村治理现代化工作指明了方向。当前我国处于新旧动能转换，高速发展向高质量发展迈进的关键期，乡村潜力巨大，功能有待释放。乡村旅游作为传统农业的后续产业，对优化乡村产业结构、加快产业联动方面作用突出，被认为是乡村振兴有效的实现途径。特别在城市消费不断升级、疫情防控常态化的大背景下，乡村旅游在很大程度上能够缓解人们的紧张情绪，重拾对美好生活的追求。事实上，伴随乡村旅游的纵深推进，很多乡村从早期参与式发展逐渐形成了社区主导甚至是社区自组织的特殊基层社会治理格局，我们称之为旅游社区。借用陈志永（2017）对旅游社区的解释，旅游社区是以社区（乡村）为基础开展旅游活动的一种旅游形式。无论是空间位置、地域范围、还是旅游资源、活动内容，社区与旅游区均存在紧密联系，是旅游活动与社区生活的亲密融合。一个典型的旅游社区应具备一定范围的社区地域、独特的社区文化、优美的社区环境、合理的社区结构。此外，与旅游直接相关的文化娱乐项目与基础配套设施同样必不可少。由于社区生活和旅游活动存在密切联系，旅游开发一定要服务于社区居民，强调居民的参与性，特别是参与经济利益分配、民主决策与过程监督。因此，旅游社区的治理水平显得尤为重要。社区治理越有效，旅游才可能沿着高质量发展轨道前行，村民对村庄的认同感和自豪感才容易实现。今后越来越多的乡村会走向旅游发展之路，讨论这类乡村的社会属性及治理特点越发重要，因为很多乡村在旅游实践中已经摸索出一整套行之有效的治理体系，对他们的研究可以从组织、产业、制度、权力、市场等众多角度发现乡村治理现代化的经验，在基层改革过程中加以借鉴，使乡村旅游成为推进乡村内生发展与生态文明建设的重要力量，充分彰显中国特色社会治理体系的现代化特征。

三、战旗村社区治理现代化特点及对乡村全面振兴实现的保障作用

战旗村作为乡村振兴典范正受到来自全国上下的普遍关注。本书将战旗村作为案例研究场域，主要基于战旗村是社区主导型乡村旅游地。作为多方参与旅游的权力主体地位突出，发展过程中党组织起到了坚强核心领导作用。农民组织化特征明显，主体地位与权益在组织层面得到较好保障。村庄市场共同体发育良好，村民认同感强烈，为新时代乡村治理现代化提供了成功且鲜活的样本。

战旗村位于四川省成都市郫都区唐昌镇西部，距离成都市 40 公里，是成都市"绿色战旗·幸福安唐"乡村振兴博览园核心区，也是国家 4A 级旅游景区。战旗村在党建引领、集体经济、土地整治、乡村旅游、城乡互动、群众文化、村民福祉等方面都做出了突出成绩。2018 年 2 月 12 日，习近平总书记视察战旗村时指出"战旗飘飘，名副其实"。2021 年 12 月 22 日，战旗村被命名为四川省首批省级乡村文化振兴样板社区。

（一）战旗村社区治理现代化是党建引领下的"三治"融合典范

战旗村属于典型的旅游社区。村党支部先后获得"全省创先争优先进基层党组织""全市先进基层党组织"、成都市"双强六好"

基层示范党组织等荣誉称号。正是战旗村基层党组织这面旗帜的引领，在乡村治理过程中党员带头起好示范作用，大胆实施多项改革举措，推动产业提档升级，打造美好田园生活，带领群众走上幸福之路。

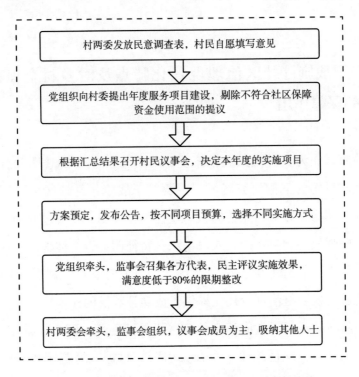

图 7.7 战旗村乡村发展治理专项资金项目实施步骤

1. 自治内涵与党建在社区自治中的核心引领作用

"三治融合"思想源于浙江等地的实践经验。2018 年，中央政法工作会议认为坚持自治、法治、德治相结合是新时代"枫桥经验"的精髓，也是新时代基层治理创新的发展方向。同年发布的《乡村振兴战略规划（2018–2022 年）》在"健全现代乡村治理体系"部分强调"坚持自治为基、法治为本、德治为先"，对"三治融合"作出了明确定位。

首先，以自治为基，激发社会成员的主体活力，增强国家基层关系处理中的弹性空间。以自治为基是以人民为主体的价值观体现。由于在国家权力向基层及社会成员生活延伸过程中并不是所有事务都适宜国家权力主导，社会生活中很多事务本就没有严格的标准、规范和格式。相反，社会成员的需求多种多样，社会矛盾和问题形态复杂多变，国家权力难以及时准确地对接社会生活的具体问题，社会成员亦无法有效反馈所遇难题。面对这种矛盾更多需要基层社会的自治能力来解决。从目前全国各地在自治方面的实践看，主要围绕强化基层群众自治组织的作用、完善村规民约和社区公约、发挥社会组织的功效等方面展开，这对于国家与社会关系的处理能够产生积极效果。一方面，调动了社会主体的自治意识和行动，吸收各方主体共同商议、集体决策，实现自我管理、自我服务、自我教育，更能匹配社会成员的实际需求；另一方面，保留了基层治理中较大的自治空间，还有效地减轻了国家治理负担，帮助国家将治理资源汇聚到分散的社会主体难以办好的公共事务领域。不仅如此，以自治为基还能为国家与社会关系的处理提供必要的缓冲，引导相当部分群众矛盾化解在自治过程中。

以战旗村为例，党支部作为战斗堡垒加强党在基层的组织建设能力，引领三治有效协同。2018 年，战旗村在原有 4 个党支部的基础上新建了 3 个支部，加大了对乡村内外资源的掌握力度和整合效果，并充分发挥了党组织的先进带头作用，坚持把"支部建在产业上，党员聚在产业里，群众富在产业中"。在村党总支的领导下，推进自治组织、群团组织、社会组织、经济组织等多种组织形式，充分保障村民权益，共同发展。战旗村现有 8 大集体经济组织，分别从事蔬菜种植、食品加工、旅游等多产业。为配合经济发展，服务村企组织，战旗村党支部对村两委工作体制进行改革，变"五职干部做工作"为"六大办公室抓落实"，将以人为中心实施工作转化为以组织为中心开展服务，提高党组织的工作效率，以适应村级各组织类型的快速发展。截至 2022 年，建成了包括"妈妈农庄"在内的 9 家核心企业，村民收入显著增加。战旗村的民主自治体现在以村民代表大会、村民议事会、村民监督委员会为民主组织形式，村民委员会为执行机构，村庄规划为发展指引，实行村民民主决策、民主监督和民主协商。村上重大问题的决策由以前的征求群众意见变为群众直接参与，由以前的干部议决变为群众投票表决。以村民代表为主体的监事会为例，监事会采取定期列席村内重要会议、开展咨询活动、检查重要事项、参与社会评价活动等方式，对村集体资金使用安排、重要工程项目及承包方案、村内公益事业兴办、社会保障救助等全村重大事项进行监督，独立自主开展监事活动，使村民民主监事会真正成为村内重大决策的"评判人"、村民利益的"守护神"、基层民主科学管理的"推动者"。为激发村民主体能动性，实施"党员 + 社区 + 单元"的网格化管理，调整议事会党员比例，邀请乡贤、本土专家和村民代表共谋村庄治理形成《社区治理十条》，构建起党建引领多元共治格局。战旗村党组织还通过村民大会带领村民实施"规划兴村"战略，共同制定乡村远景规划。通过探索村级土地利用规划、乡村建设规划、公共服务设施规划、产业发展规划"多规合一"，打破行政边界，自主编制《泛战旗片区五村连片乡村规划》。将国土管控、产业发展、生态保护融为一体，打造林盘示范点、农耕体验地，保护并延续天府田园风光和巴蜀农耕文化，推进城乡一体化统筹发展。战旗村的规划就今天来看也是超前的。2007 年建成的战旗村农民集中居住区至今仍是乡村民居规划的典范。房屋设计讲究，有独立的卫生间和车库。村民居住区呈现小规模、组团式、微田园、生态化的特点。

2. 德治内涵与党建在社区德治中的核心引领作用

以德治为先，提升主流意识形态濡化力。在基层治理中相较于法治而言，德治应居于优先地位。"重人伦，尚道德"是中国人日常行为的基本准则，这种观念对于建立和谐的社会生活秩序有着积极意义。不仅家庭成员间关系的处理需要依循道德自律，社会成员之间，尤其是各种熟人社会群体内部成员之间也需要通过道德因素联结为紧密团体。如果仅仅恪守形式法治的要求，就可能产生以机械守法为取向的"官僚主义"，乡村生活中大量尚不为科层体系吸收的问题就难以得到适时性解决。在德治作用的发挥上需要着力实现主流意识形态与乡村传统文化有机融合。既要积极通过发挥乡土文化作用提升道德自治在社会生活中的实际成效，也要使主流意识形态适应不同乡土文化生态，起到引领和把控作用，为在基层场域提供实现富有亲和力和感染力的价值导向。

作为中国的一个传统乡村，战旗村在历史发展过程中蕴含了深厚的熟人社会礼仪与道德规范。首先党组织成员通过学习培训，派遣基层干部前往沿海先进乡村观摩，提高自身道德素质和技能水平。继而积极组织村民集中学习，加强思想道德建设。共同制定村规民约，广泛开展"乡村文明进农家""五好家庭""十佳文明示范户"等创建活动。2018年，战旗村成立了战旗乡村振兴培训学院。学院围绕农业主题，致力于培养高素质的基层组织引路人、产业发展推动人、乡风文明传承人、农业科技推广人和脱贫致富带头人。共培养"三农"干部、技术人才30余批6万余人。战旗村发挥"全国中小学生研学实践教育基地"和"四川省中小学生研学实践教育基地"品牌作用，大力发展以农业实践和农耕文化传承为主题的研学活动。战旗村构建了"高校＋支部＋农户"机制，连续多年开展大学生进村入户活动，与农民同吃、同住、同劳动，更新了农民的思想观念，提升了道德素养，拓宽了社会视野。村庄还投资40余万元购买实用书籍4000余册，添置电脑7台，完善内部设施，用知识武装农民大脑。

战旗村还成立了战旗乡村振兴文化艺术团，组建了少儿舞蹈队、老年腰鼓队、青年歌手演唱队、篮球队、乒乓球队等，定期开展丰富的群众文化体育活动。通过国学教育倡导形成耕读传家、诚信重礼、尊老爱幼的社区氛围，文明新风蔚然形成。

3. 法治内涵与党建在社区法治中的核心引领作用

以法治为本，是要确保国家在基层治理中的主导性调控力，由国家制定的法律为所有社会成员提供基本行为规范与活动秩序框架。一方面，尽管自治在多方面可以发挥积极功效，但是夸大自治的作用也不合适。离开法治，自治可能蜕变为强势群体之治，不仅不会带来"善治"，还可能会搅乱基层治理秩序。因此，要重视法的刚性约束，增强基层管理者以及成员的法治意识。另一方面，对于基层社会成员而言，在法律资源可及性方面存在显著差异，特别是乡村在获取法律资源时困难很大，所以要推进公共法律服务体系建设，提升乡村获取法律服务的普惠性和便捷性。此外，还要注意的是以法治为本并非事无巨细地以法治化方式设定基层治理的方方面面。法治的运行应当保持一定的限度，要尊重基层治理中符合法治精神的自组织秩序的生成，并且善于将行之有效且稳定运行的自组织秩序吸纳至法治系统，促进法治不断完善。

法律和制度相辅相成统一于国家政治范畴。法律具有权威性、强制性，需要在健全的配套制度下才能实现。制度具有广泛性、规范性，系统健全的法律可以保障制度的正确实施，两者相辅相成，缺一不可，共同维护社会的和谐稳定。具体到战旗村，党支部充分发挥制度管人、管事的优越性，把"权力关进制度的笼子里"，不断增强党员特别是党员干部的治理水平。村庄内部对民主议事程序的规定就体现了制度化建设在乡村法治中的高效作用。战旗村坚持"民主讨论、民主协商、民主决策"，重大事项均由村党支部提议、村级组织联席会议商议、党员大会审议、村民议事会决议并对决议事项公示、对实施结果评议。以集建入市为例，战旗村对土地的入市方式、途径、底价均由村民代表民主协商，入市后土地收益分配由集体经济组织成员或成员代表大会民主决策，村民的知情权、参与权、决策权得到充分保障。在社区法治建设道路上《战旗村村规民约十条》就是党员与村民共同商讨推出，作为村庄的行动总则。并在总则基础上订立更加具体的制度规范，如完善《办红白喜事村民公约》《乡村十八坊诚信经营公约》《社区治理十条》《城乡环境治理十条》《战旗村景区管理办法》《战旗村乡村振兴三年行动计划》等。这些都以书面形式公布于社区各处，以法治原则约束村民行为，指导检验党的治理工作，提高乡村治理成效。"三问三亮六带头"是战旗村另一特色治理制度。通过"亮身份、亮承诺、亮实绩"，悬挂"党员户"标牌、设立党员示范岗等方式，激发党员模范带头作用，增强党员责任感与使命感。为进一步细化"三问三亮六带头"，战旗村建立党建责任人清单制度和考评制度，有效真实量化党员工作成效，全方位接受村民监督，促进权力运行在阳光下。比如，建立微权力清单制，加强对微事务的监督。建立工作成效清单制，保障人民群众"阅卷人"的中心地位。这些制度的运行避免了村级公权私有化。战旗村对法治重要性的认识还体现在日常生活中。党支部积极组织党员群众深入学习《中华人民共和国村民委员会组织法》《中华人民共和国农村土地承包法》《中华人民共和国土地管理法》等法律法规，党员还承担"送法下乡"的义务，增加法治资源的可及性及村民法治意识。2015年，战旗村成立了集体资产管理公司，制定了村民自治章程及村民议事会实施细则等各项制度，完善集体经济组织法人治理结构，理顺了村两委和集体经济组织关系，使新型集体经济组织真正成了产权明晰、权责明确、管理科学的法人实体和市场主体。战旗村乡村发展治理专项资金项目实施过程就是制度约束下的权力运行表现（见图 7.8）。

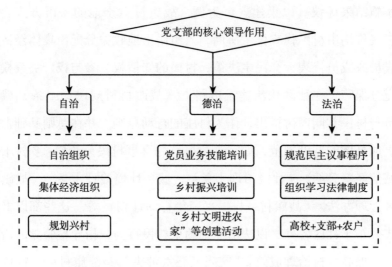

图 7.8 战旗村党组织在"三治融合"中的嵌入作用

（二）治理现代化保障战旗村全面振兴的实现

2002~2022 年，战旗村经过 20 年的不懈努力，探索出一条"党建引领、三治融合、与时代共振"的基层治理体系。通过发展村集体经济和现代农业，在保障充分就业的基础上实现了村民可自由支配收入较快增长。2020 年，战旗村集体经济达到 5689 万元，入选"四川省百强名村"和"四川省集体经济十强村"。高速增长的收入使村民开始关注生活质量与生态环境。战旗村落实"河长制"，守护水源地，关闭铸造厂、化肥厂等 5 家污染企业，搬迁规模养殖场 4 户。实施高标准农田整治、土壤有机转化 1800 亩和垃圾分类处理，建设生态绿道 3500 米，推进"田成方、树成簇、水成网"的乡村景观格局。投资 200 万元，对全村道路、水系和绿化等基础设施进行整治和改造。采取"户集、村收、街办运、区处理"的方式，集中处理社区垃圾。组建物业管委会，保持村容整洁，展现出城市公园理念下的新型农村形态。如今，战旗村的村风既有淳朴、勤劳、友善、互助、尊老、爱幼等优秀传统文化底蕴，又增添了爱国、守法、敬业、创新、乐观、进取等当代社会主义精神文明新风尚，先后荣获"全国社会主义精神文明单位""全国文明村""省级四好村"等多项文明称号。村民幸福指数显著提升，乡村认同感实现并增强。国家出台的《数字乡村发展行动计划（2022–2025 年)》，将"数字治理能力提升行动"确定为 8 项行动之一，并明确构建乡村数字化治理体系的时间表和路线图，这对战旗村治理现代化提出了更高层次的要求。未来要依托"互联网 + 政务服务"的治理网络，加快互联网同乡村治理与服务体系的深度融合，升级数字技术应用场景，丰富和拓展乡村治理有效内涵，创新乡村治理形式，构建更高效、更便捷、更精准的基层治理体系，全力赋能乡村振兴。

第八章

结　论

　　本书重点围绕"人类活动与地质环境"的关系演化进行发生学分析，历史地说明当前环境问题发生的内在机制与矛盾规律。如何面对人类发展与环境危机的矛盾关系，秉持的基本态度是既不能盲目悲观，停滞不前，也不能无视危机的存在，继续一条与环境截然对立的不归路。虽然环境问题是一个历史积累的过程，但是不能在我们手里变得更糟，生态文明建设已然成为人类可持续发展的必然路径。研究过程中得出了四个关键性认识并进行了实践探索。

　　第一，只有历史地、辩证地看待人类文明活动与环境之间的关系问题，才能更好地理解生态文明建设之于人类未来可持续发展的重大意义，并积极主动地付诸实践。

　　第二，生态文明既不是以回到原始状态为价值归宿，也不是主张消弭人与自然的差异为目的，更不是要人们放弃追求物质财富，追求经济增长，而是在人与自然和谐这一价值导向中包含了对一种更加健康、文明、合理的生产、生活方式的追求，以此消除因与自然关系的紧张带来的生产异化和生活异化，使人类获得更加广阔的展现价值的空间。即生态文明的本质依然是"以人为本",发展为了人、发展依靠人,人类的利益和价值是生态文明建设的出发点与归宿。

第三,道德作为人的存在方式,其发生、发展反映的既是人与自然之间的演变关系,也是对人类社会的历史经验和实践进行的价值审视与判断。生态道德演进的内在动力是人类对生命实现的渴望,追求生命的圆满。生态文明建设就是这种生生不息的创生精神推动着人类当下的道德实践。

第四,理论价值需通过实践才能彰显。生态文明的"德性之知"不能靠闭门思过,必须转化为生态实践。并客观承认生态文明建设任重道远,不可能一蹴而就,它是一个需要不断摸索、不断实践、不断总结、不断完善的过程,需要我们每个人的共同努力。

最后借用习近平总书记 2014 年治国理政中的系列重要讲话作为全书思想的总结与提升。"我们必须解决好天育物有时,地生财无限,而人之欲无极的矛盾,达到一松一竹真朋友,山鸟山花好兄弟的境界"。"生态兴则文明兴,生态衰则文明衰。良好的生态环境是人类文明的基础和支撑,也是一个国家和民族发展潜力大小带有决定意义的因素"![1]

---

① 生态兴则文明兴 [N]. 人民日报,2020.

参 考 文 献

［1］［美］彭纳．人类的足迹：一部地球环境的历史［M］．张新，王兆润，译．北京：电子工业出版社，2013．

［2］［丹麦］S.E. 约恩森，生态系统生态学［M］．曹建军，等译．北京：科学出版社，2019．

［3］［德］斐迪南·滕尼斯．共同体与社会［M］．林荣远，译．北京：北京大学出版社，2016．

［4］［德］阿尔伯特·施韦泽．敬畏生命［M］．陈泽环，译．上海：人民出版社，2017．

［5］［法］列维·斯特劳斯．结构人类学［M］．张祖建，译．北京：中国人民大学出版社，1973．

［6］［美］阿尔夫·霍恩伯格．人类地质学对"人类世"叙事的批评：2014 改变发展模式应对"人类世"生态危机［N］．中国社会科学报，2015，726．

［7］［美］艾伦·杜宁．多少算够：消费社会与地球的未来［M］．毕聿，译．长春：吉林人民出版社，1997．

［8］［美］克里福德·格尔茨．文化的解释［M］．韩莉，译．江苏：译林出版社，2002．

［9］［美］雷切尔·卡逊．寂静的春天［M］．许亮，译．北京：北京理工大学出版社，2015．

［10］［美］斯塔夫里阿诺斯．全球通史［M］．董书慧，王旭，徐

正源，译. 北京：北京大学出版社，2006.

[11]［瑞士］皮亚杰. 结构主义［M］. 倪连生，王琳，译. 北京：商务印书馆，1981：99.

[12]［英］爱德华·吉本. 罗马帝国衰亡史［M］. 席代岳，译. 杭州：浙江大学出版社，2018.

[13]［英］洛克. 自然法论文集［M］. 李季璇，译. 北京：商务印书局，2014.

[14] 安东尼·吉登斯. 资本主义与现代社会理论［M］. 郭中华，潘华凌，译. 上海：上海译文出版社，2013，45－46.

[15] 曹伯勋. 地貌学与第四纪地质［M］. 武汉：中国地质大学出版社，1994.

[16] 曹伯勋. 第四纪是环境地质学研究的重要时代［J］. 地质科技情报，1989（3）：44－50.

[17] 陈恒. 理解建构主义教育经典，坚持教改不动摇［J］. 读写算素质教育论坛，2017，1（2）：12－16.

[18] 陈万求，刘灿，苑芳军. 中国传统科技伦理思想的基本精神［J］. 长沙理工大学学报（社会科学版），2009，24（4）：112－117.

[19] 陈余道，蒋亚萍，朱银红. 环境地质学（第2版）［M］. 北京：冶金工业出版社，2011.

[20] 陈余道，蒋亚萍. 环境地质学［M］. 北京：中国水利水电出版社，2018.

[21] 陈志永. 少数民族村寨社区参与旅游发展研究［M］. 武汉：中国社会科学出版社，2015.

[22] 成功. 民族地区生态保护与传统知识相互关系刍议［A］. 中国科学技术协会、云南省人民政府，2014，7.

[23] 戴秀丽. 生态价值观的演化及其实践研究［D］. 北京：北京

林业大学，2008.

　　[24] 邓大才. 乡村建设行动中的农民参与：从阶梯到框架 [J].
2021，21（4）：26 -37.

　　[25] 丁元竹. 构建中国特色基层社会治理新格局：实践、理论和
政策逻辑 [J]. 行政管理改革，2021.11，29 -44.

　　[26] 冯友兰. 中国哲学简史 [M]. 天津：天津社会科学院出版社，
2007.

　　[27] 顾培亮. 浅谈可持续发展 [J]. 天津科技，2001，1（19）：
2 -6.

　　[28] 广州博物馆编. 地球历史与生命演化 [M]. 上海：上海古籍
出版社，2006.

　　[29] 郭凌. 社会资本与民族旅游社区治理：基于对泸沽湖旅游社
区的实证研究 [J]. 四川师范大学学报（社会科学版），2015，1（42）：
62 -69.

　　[30] 郭占锋. 村庄市场共同体的形成与农村社区治理转型：基于
陕西袁家村的考察 [J]. 中国农村观察，2021，68 -83.

　　[31] 郝玉明，刘金波. 当代中国"价值生态"的伦理治理研究引
论 [J]. 吉林师范大学学报，2015（5）：17 -25.

　　[32] 郝玉明. 发生学方法与道德起源问题研究 [J]. 理论月刊，
2016（11）：43 -48.

　　[33] 贺雪锋. 农民组织化再造村社集体 [J]. 开放时代，2019，33
（3）：186 -196.

　　[34] 侯子峰. 哲学视域下的"绿水青山就是金山银山"理念解析
[J]. 齐齐哈尔大学学报，2019（9）：7 -10.

　　[35] 胡平生. 礼记 [M]. 北京：中华书局，2017.

　　[36] 黄燕. 中国特色社会主义生态文明理念的三维解读 [J]. 海

南师范大学学报（社会科学版），2014，27（2）：70 - 75.

[37] 黄志强. 苏州市区生活垃圾分类现状及对策研究 [D]. 苏州：苏州大学，2014.

[38] 焦国成. 中国古代人我关系论 [M]. 北京：中国人民大学出版社，1991.

[39] 雷祥义. 协调人与地质环境的关系：Ⅰ人类活动对地质环境的影响 [J]. 西北大学学报（自然科学版），2000（4）：323 - 327.

[40] 李桂花. 马克思恩格斯哲学视域中的人与自然的关系 [J]. 探索，2011（2）：153 - 158.

[41] 李继冉. "中国梦" 引领下的生态文明建设研究 [D]. 杭州：浙江理工大学，2018.

[42] 李洁. 循环经济背景下对技术创新的再认识 [J]. 经济前沿. 2007（8）：13 - 16.

[43] 李菊霞. 反思我们身边的过度消费：从国外马克思主义的视角 [J]. 理论视野，2012（1）：33 - 35.

[44] 李陇堂，薛晨浩. 基于模糊理论的宁夏沙漠旅游环境影响综合评价 [J]. 旅游研究，2015，7（2）：45 - 51.

[45] 李民，王健. 尚书译注 [M]. 上海：上海古籍出版社，2016.

[46] 李娜. 社会主义新农村建设发展的思考：袁家村经济发展调查 [J]. 农业经济与科技，2014（3）：123 - 125.

[47] 李希宏，廖健. 雾霾形成原因分析及对策 [J]. 当代石油石化，2013，21（3）：1 - 5.

[48] 李萧莉. 环境演变背景下的早期人类起源与演化 [J]. 化石，2014（1）：39 - 43.

[49] 李志强. 精英 "依附式" 生态社区治理的探索：基于陕西袁家村的启示 [J]. 西北民族大学学报（哲学社会科学版），2018（6）：

84 – 92.

[50] 刘复刚，毕明岩，翟伟峰，赵丽娟. 第四纪科学体系的构建 [J]. 齐齐哈尔大学学报，2004 (4)：95 – 99.

[51] 刘欢. 乡村旅游发展中的基层社会治理 [J]. 学理论，2018 (1)：94 – 96.

[52] 刘培桐，等. 环境学概论 [M]. 北京：高等教育出版社，1995.

[53] 刘晓华. 环境伦理的文化阐释中国古代生态智慧探考 [M]. 长沙：湖南师范大学出版社，2004.

[54] 刘晓圆. 城镇化进程中的生态环境问题及对策研究 [D]. 秦皇岛：燕山大学，2014.

[55] 龙萧如. 乡村合作治理模式研究：以成都市战旗村和运城市蒲韩乡村社区为例 [J]. 小城镇建设，2021，6 (39) 56 – 64.

[56] 卢晋波. 湖南省生态矿山建设研究 [D]. 长沙：中南大学，2006.

[57] 卢之遥，薛达元. 黔东南苗族习惯法及其对生物多样性保护的作用 [J]. 中央民族大学学报（自然科学版），2011，20 (2)：39 – 44.

[58] 卢之遥. 贵州省黔东南传统知识保护案例研究 [D]. 北京：中央民族大学，2011.

[59] 吕振斌. 论马克思、恩格斯生态思想文化的新发展及其当代价值 [J]. 学理论，2011，109 – 110.

[60] 罗家德，李智超. 乡村社区自组织治理的信任机制初探：以一个村民经济合作组织为例 [J]. 管理世界，2012 (10)：1 – 12.

[61] 罗丽娟. 生态补偿在环境影响评价中的应用分析 [J]. 资源节约与环保，2014，4：48 – 49.

[62] 罗永常. 浅谈原生态少数民族社区文化旅游的适度开发：以贵州黔东南为例 [J]. 贵州民族研究，2009，29 (5)：98 – 102.

［63］马可·奥勒留.沉思录［M］.何怀宏，译.北京：中央编译出版社，2008.

［64］马晓龙，等.乡村振兴战略与香村旅游发展［M］.北京：中国旅游出版社，2020.

［65］孟令法.畲族图腾星宿考［D］.温州：温州大学，2013.

［66］牛文元.可持续发展理论的内涵认知：纪念联合国里约环发大会20周年［J］.中国人口·资源与环境，2012，22（5）：9－14.

［67］庞国伟.人为作用对土壤侵蚀环境影响的定量表征：以黄土高原典型流域为例［D］.北京：中国科学院研究生院，2012.

［68］皮亚杰.发生认识论原理［M］.北京：商务印书馆，1997.

［69］曲焕林.人类生存的地质环境问题［M］.北京：地质出版社，1998.

［70］任俊华.马克思主义战略伦理的建构［C］.哲学与中国，2020.03.

［71］陕西袁家村：讲述一个把"生存"过成"生活"的故事［EB/OL］.新华网，2017－11－17.

［72］上官龙辉.基于生态文明视角下的泰顺县生态旅游发展研究［D］.长春：吉林大学，2015.

［73］仕玉治.气候变化及人类活动对流域水资源的影响及实例研究［D］.大连：大连理工大学，2011.

［74］寿劲松.袁家村空间发展机制研究［D］.西安：西安建筑科技大学，2015.

［75］舒良树，朱文斌.新疆博格达南缘后碰撞期陆内裂谷和水下滑塌构造［J］.岩石学报，2005，21（1）：25－36.

［76］帅满.社区组织信任演化的作用机制［J］.西安交通大学学报（社会科学版）2021，6（41）：96－105.

[77] 隋杨. 基于生态足迹分析的矿区生态环境补偿研究 [D]. 徐州：中国矿业大学，2015.

[78] 孙冰. 艾特玛托夫作品中的图腾意象研究 [D]. 呼和浩特：内蒙古师范大学，2018.

[79] 孙九霞. 旅游人类学的社区旅游与社区参与 [M]. 北京：商务印书馆，2015.

[80] 孙志海. 自组织的社会进化理论方法和模型 [M]. 北京：中国社会科学出版社，2004.

[81] 田金娜. 自组织理论视角下农民社区发展问题研究：基于三个农村工作项目的分析 [D]. 昆明：云南大学，2011.

[82] 田心铭. 论"以人为本"[J]. 马克思主义研究，2008（8）：5–13.

[83] 田烨. 乡村振兴战略下的传播共治与村民政治参与：以成都市郫都区战旗村为例 [J]. 新闻界，2019，9，58–64.

[84] 汪晓云. 艺术发生学与艺术人类学 [J]. 广西民族大学学报，2009，31（1）：36–42.

[85] 王宝祥. 制度嵌入性视角下的乡村旅游地演化研究 [D]. 西安外国语大学，2018.

[86] 王晨光. 集体化乡村旅游发展模式对乡村振兴战略的影响与启示 [J]. 山东社会科学，2018，112（5）：34–42.

[87] 王海，王连喜，杨祖祥，李琪. 荒漠化遥感监测与评估的应用研究动态 [J]. 灾害学，2017，32（4）：153–161.

[88] 王汇明. 平原型水库库区浸没分析与研究 [D]. 南京：河海大学，2004.

[89] 王慧. 环境危机与文明危机 [J]. 资源与人居环境，2008（15）：60.

［90］王舒．生态文明建设概论［M］．北京：清华大学出版社，2014.

［91］王翔．共建共享视野下旅游社区的协商治理研究：以鼓浪屿公共议事会为例［J］．旅游学刊，2017，10（37）：91－103.

［92］王晓莉．中国环境污染与食品安全问题的时空聚集性研究［J］．中国人口资源与环境，2015，12（25）：53－61.

［93］魏丽莉．以组织振兴统领乡村振兴：袁家村模式的镜鉴与启示［J］．中国经济导刊，2019（11）：107－111.

［94］翁家烈．民族传统文化在当今的意义、命运与前景［J］．贵阳市委党校学报，2013（6）：38－41.

［95］吴季松．生态文明建设［M］．北京：北京航空航天大学出版社，2016.

［96］吴章文，文首文．生态旅游学［M］．北京：中国林业出版社，2013.

［97］吴重庆．以农民组织化重建乡村主体性：新时代乡村振兴的基础［J］．中国农业大学学报（社会科学版），2018，3（25）：46－48.

［98］徐友宁，李智佩，陈华清，等．生态环境脆弱区煤炭资源开发诱发的环境地质问题［J］．2008，27（8）：1344－1350.

［99］薛达元，等．中国民族地区生态保护与传统文化［M］．北京：科学出版社，2016.

［100］闫喜凤．建设生态文明促进人与自然和谐相处［J］．奋斗，2014（2）：20－25.

［101］杨成，杨一．民族地区体育旅游产业发展的意义及困境破局［J］．贵州民族研究，2015，36（2）：146－149.

［102］杨洁．甘肃省定西市农村生态文明建设研究［D］．兰州：西北师范大学，2018.

［103］杨骏，马耀峰．全球化场域的旅游与民族文化认同［J］．甘

肃社会科学，2017（1）：223 –228.

［104］杨骏，席岳婷.符号感知下的旅游体验真实性研究［J］.北京第二外国语学院学报，2015（7）：34 –40.

［105］杨骏，等.旅游业发展实证研究［M］.西安：西安交通大学出版社，2017.

［106］杨骏.符号经济时代旅游资源品牌建设与意义维护的深度思考：以香格里拉为例［J］.郧阳师范高等专科学校学报，2016，36（4）：77 –82.

［107］杨骏.全球化进程中原生态文化的资源价值与本土重建：兼论民族旅游开发［J］.中央民族大学学报（哲学社会科学版），2015，42（5）：94 –98.

［108］杨骏.组织化视角下乡村旅游助推乡村振兴动力研究［J］.陕西社会科学，2022（1）：62 –69.

［109］杨立稳.屋顶绿化对顶层室内温度和能耗的影响研究［D］.上海：东华大学，2015.

［110］杨世宏.生态伦理学探究［M］.北京：群言出版社，2016.

［111］杨天才.周易［M］.北京：中华书局，1990.

［112］杨子庚.海洋地质学［M］.北京：科学出版社，2021.

［113］姚春鹏.皇帝内经［M］.北京：中华书局，2009.

［114］姚树荣.乡村振兴的共建共治共享路径研究［J］.农业经济研究，2020（6）：5 –18.

［115］尹奇德.环境与生态概论［M］.北京：化学工业出版社，2007.

［116］尤孝才.我国矿山地质环境的问题与保护对策探讨［J］.地质技术经济管理，2002（4）：23 –27.

［117］于晓雷.中国特色社会主义与生态文明关系探析［J］.前线，2013（8）：48 –49.

[118] 余达忠. 农耕社会与原生态文化的特征 [J]. 农业考古, 2010（4）：1-6.

[119] 余达忠. 原生态文化资源价值与旅游开发 [M]. 北京：民族出版社，2011.

[120] 余达忠. 自然与文化原生态：生态人类学视角的考察 [J]. 吉首大学学报（社会科学版），2011，32（3）：57-62.

[121] 宇文利. 习总书记为我们构建了什么样的全景式蓝图 [J]. 人民论坛，2017（31）：12-14.

[122] 张高丽出席生态文明贵阳国际论坛2013年年会开幕式并讲话 [A]. 工业节能与清洁生产2013年9月第3期（总第9期）[C]. 2013：1.

[123] 张洪昌，舒伯阳. 社区能力、制度嵌入与乡村旅游发展模式 [J]. 甘肃社会科学，2019（1）：186-192.

[124] 张建萍. 生态旅游 [M]. 北京：中国旅游出版社，2015.

[125] 张凌媛. 乡村旅游社区多元主体的治理网络研究：英德市河头村的个案分析 [J]. 旅游学刊，2021，36（11）：40-56.

[126] 张乃和. 发生学方法与历史研究 [J]. 史学集刊，2007（5）：44-50.

[127] 张人权，梁杏，陈国金，龚树义. 长江中游盆地地质环境系统演变与防洪对策 [J]. 长江流域资源与环境，2000，9（1）：104-111.

[128] 张人权. 地质环境系统的概念与特征：以洞庭湖区地质环境系统为例 [J]. 地学前缘，2001，1（8）：59-65.

[129] 张业成. 我国洪涝灾害的地质环境因素与减灾对策建议 [J]. 地质灾害与环境保护，1999，10（1）：1-13.

[130] 张云，等. 基层党建与乡村自治、德治、法治互嵌的启示 [J]. 城乡建设与发展，2021，32（5）：301-303.

［131］张至楠. 旅游对沙漠型旅游景区沙坡形态影响研究［D］. 银川：宁夏大学，2015.

［132］赵杰. 中国与联合国环境与发展大会的关系研究［D］. 青岛：青岛大学，2014.

［133］赵杏根. 中国古代生态思想史［M］. 南京：东南大学出版社，2014.

［134］赵赟，景红霞，化俊莉. 水污染成因分析与预防初探［J］. 给水排水，2009，6：81－82.

［135］郑丽红. 消费主义价值观批判：提倡绿色消费观［D］. 长春：吉林大学，2009.

［136］郑亚慧. 荆江与洞庭湖关系研究及防洪对策探讨［D］. 武汉：武汉大学，2001.

［137］周安平. 善治与法治的关系辨析：对当下认识误区的厘清［J］. 法商研究，2015（4）：73－80.

［138］周勇广. 基于社区主导的乡村旅游内生式开发模式研究［J］. 旅游科学，2009，4（23）：37－40.

［139］周钰婷. 山地城镇地质生态环境质量评价及城乡规划对策研究［D］. 重庆：重庆大学，2018.

［140］朱遥，孙兴富. 重污染企业退役土地面临的环境风险及其管理措施研究［J］. 环境科学与管理，2014，39（1）：60－63.

［141］左冰. 旅游增权理论本土化研究：云南迪庆案例［J］. 2009，23（2）：1－7.

［142］左亚文，等. 资源·环境·生态文明［M］. 武汉：武汉大学出版社，2014.

［143］BarBara Freese. Coal：A Human History［M］. New York：Penguin Books，2003.

[144] Behre K. E. The Role of Man in European Vegetation History [M]. Dordrecht: Kluwer Academic publishers, 1982: 633 – 672.

[145] Bond G. , Brocker W. S. , Johnson S. et al. Correlations between Climate Events in the North Atlantic Sediments and Greenland Ice [J]. Nature, 1993, 365: 143 – 147.

[146] Carlo M. , Cipolla. Before The Industrial Revolution: European Society and Economy [M]. New York: W. W, Norton & Co, 1976.

[147] Coate Charles. Insatiable Appetite: The United States and the Ecological Degradation of the Tropical World [J]. Journal of American History, 2002, 88 (4): 1571 – 1572.

[148] Daniel E. , Lieberman et al. The Evolution and Development of Cranial Form in Homo sapiens [J]. Proceedings of the National Academy of Sciences of the United States of America, 2002, 99 (3): 34 – 39.

[149] Edouard Bard, Frauke Rostek, Jean – Louis Turon, Sandra Gendreau. Hydrological Impact of Heinrich Events in the Subtropical Northeast Atlantic [J]. Science, 2000, 289 (5483): 1321 – 1324.

[150] Edward P. , Radford Jr, Vilma R. Hunt. Polonium – 210: A Volatile Radioelement in Cigarettes [J]. Science, 1964, 143 (3603): 247 – 249.

[151] E. S. Vrba et al. Paleoclimate and Evolution with Emphasis on Human Origins [M]. New Haven, CTa: Yale University, 1995.

[152] Fred Spier. The Structure of Big History: From the Big Bang Until Today [M]. Amsterdam: Amsterdlam University Press, 1996: 19.

[153] G. , Brocker W. S. , Johnson S. et al. Correlations Between Climate Events in the North Atlantic Sediments and Greenland Ice [J]. Nature, 1993, 365: 143 – 147.

[154] Ivan Light. Cities in World Perspective [M]. New York: Macmillan, 1983.

[155] Jerry Bentley. A New Forum for Global History [J]. Journal of World History, 1990, 11 (2): 3 - 5.

[156] Joel A. Tarr. The Search for the Ultimate Sink: Urban Pollution in Historical Perspective [M]. Ohio: University of Akron Press, 1997.

[157] Jordan Goodman. Tobacco in History [M]. London: Routledge, 1994.

[158] Katerina Harvatietal. Neanderthal Taxonomy Reconsidered: Implications of 3D Primate Models of Intra-and Interspecific Differences [J]. proceedings of the National Academy of Science of the United States of America, 2004, 101 (5): 47 - 52.

[159] Katherine Milton. Primate Diets and Gut Morphology: Implications for Hominid Evolution [M]. Philadelphia: Temple University, 1987.

[160] Kenneth Pomeranz. The Great Divergence: China, Europe, and the Making of the Modern World Economy [M]. Princeton, NJ: Princeton University, 2000.

[161] Kevin Rosman. Lead from Carthaginian and Roman Spanish Mines Isotopically Identified in Greenland Ice Date from 600B. C. to 300A. D. [J]. Environmental Science and Technology, 1997, 31 (12): 3413 - 3416.

[162] Lynn White. Medieval Religion and Technology: Collected Essays [J]. Isis, 1979, 70 (4): 63 - 64.

[163] Macbeth J. Dissonance and paradox in tourism Planning People First?[J]. ANZALS Research Series, 1994 (3): 2 - 18.

[164] Mark Pendergrast. Uncommon Grounds [M]. New York: Basic

Books, 2010.

[165] Misia Landau. Narratives of Humanevolution [M]. New Haven, CT: Yale University Press, 1991.

[166] Murphy P. E. Tourism: A Community Approach [M]. New York: Routledge, 1985.

[167] O. Soffer, J. M. Adovasioand D. C. Hyland. The VenusFigurines: Textiles, Basketry, Gender, and Status in the Upper Paleolithic [J]. Current Anthropology, 2000, 41 (4): 37−51.

[168] Paul Roberts. The End of Oil [M]. New York: Houghton Mifflin Harcourt, 2004.

[169] Peter B. deMenocal. Plio-Pleistocene African Climate [J]. Science, 1995: 53−59.

[170] Richard Heinberg. The Party's Over: Oil, War and the Fate of Industrial Societies [M]. Gabriola Island, BC, Canada: New Society Publishers, 2005.

[171] Robert B. Marks, The Origins of the Modern World: A Global and Ecological Narrative [M]. New York: Rowan and Littlefield, 2002.

[172] Robert W. Fogel. Without Consent or Contract: The Rise and Fall of America Slavery [M]. New York: Oxford University Press, 1989.

[173] Rudi Volti (ed.). The Facts on File Encyclopedia of Science, Thecnology, and Society Volume [M]. New York: Facts on File, Inc, 1999.

[174] R. R. Ackermanan, J. M. Cheverud. Detecting Genetic Drift versus Selection in Human Evolution [J]. Proceedings of the National Academy of Sciences of the United States of America, 2004, 101 (52): 7946−7951.

[175] Scheyvens R. Ecotourism and the Empowerment of Local Commu-

nities [J]. Tourism Managene, 1999, 20: 245 - 249.

[176] Suzanne M. M. Young, A. Mark Pollard, Paul Budd and Robert A. lxer, Metals in Antiquity [M]. Brithish: British Archaeological Reports Oxford Ltd, 1999: 123 - 125.

[177] Steven Mithen. After The Ice: A Global Human History [M]. Cambridge, Maa: Harvard University, 2004.

[178] Theodore A. Wertime. The Beginnings of Metallurgy: A New Look [J]. Science, 1973, 182 (4115): 880.

[179] T. G. Bromage et al. African Biogeography, Change, and Human Evolution [M]. London: Oxford University, 2000.